九叶青花椒标准化生产

主　编　钟志祥　谭世波

西南交通大学出版社

·成　都·

图书在版编目（CIP）数据

九叶青花椒标准化生产 / 钟志祥，谭世波主编. —
成都：西南交通大学出版社，2021.9
ISBN 978-7-5643-8229-2

Ⅰ.①九… Ⅱ.①钟… ②谭… Ⅲ.①花椒－栽培技
术－教材 Ⅳ.①S573

中国版本图书馆 CIP 数据核字（2021）第 175532 号

Jiuyeqing Huajiao Biaozhunhua Shengchan
九叶青花椒标准化生产

主　编／钟志祥　谭世波　　　　　责任编辑／牛　君
　　　　　　　　　　　　　　　　封面设计／原谋书装

西南交通大学出版社出版发行

（四川省成都市金牛区二环路北一段 111 号西南交通大学创新大厦 21 楼　610031）
发行部电话：028-87600564　　028-87600533
网址：http://www.xnjdcbs.com
印刷：四川森林印务有限责任公司

成品尺寸　185 mm×260 mm
印张　10.75　　字数　269 千
版次　2021 年 9 月第 1 版　　印次　2021 年 9 月第 1 次

书号　ISBN 978-7-5643-8229-2
定价　32.00 元

《九叶青花椒标准化生产》

编 委 会

主　编　钟志祥　谭世波

参　编　夏洪举　钟　磊　文茂林

　　　　童真波　任　颖　阙洪义

前 言

　　建设社会主义新农村实现乡村全面振兴是一个长期的全面的目标，在依靠党的政策的同时，也需要科学技术的支持。树立以农民为主体的观念，想农民所想，急农民所需，才能从根本上促进"三农"问题的解决。如何将建设社会主义新农村的实用技术及时送往农村，让家家户户都能有一个懂技术、懂管理、会经营的"明白人"，真正将科学技术运用到生产中去，不断提高依靠科学技术致富的本领，给农民看得见、摸得着的实惠，这是科普教育工作者和广大科技工作者最大的愿望和应尽的职责。

　　笔者出生在中国花椒之乡——重庆市江津区，目睹和经历了江津花椒从无到有，从有到日渐壮大的产业发展过程。从 20 世纪 90 年代初，协同青花椒业内的学者和科技工作者一起着手九叶青花椒苗木繁殖、椒园管理、病虫害防治等方面的技术探讨和推广。历经近 30 年，积累了较为全面的、实用性较强的九叶青花椒栽培管理技术，相关经验几经总结和整理，编成本书，诚望能给九叶青花椒种植地区的椒农朋友带去一些能用于指导其生产的技术性信息。

　　本书内容涵盖我国花椒发展概况、市场前景、经济效益分析，九叶青花椒的地位、生物学特性、种植技术、管理技术、病虫害防治、全年管理技术方案，绿色花椒生产以及花椒的采收与贮藏等内容。全书共分七章，第一章共五节，主要介绍了我国青花椒产业的发展概况、青花椒产业的市场前景和经济效益分析、青花椒产业的发展趋势及九叶青花椒的地位、九叶青花椒的生长发育规律和生物学特征，是全书展开的基础内容。第二章主要介绍了九叶青花椒的育苗和椒园建设的相关技术。第三章主要介绍九叶青花椒的土、肥、水、树体管理技术，并对普通椒园的修剪提出技术方案，再介绍农作物病虫害基本理论及花椒常见病虫害的症状及防治方法。第四章是对第三章内容的深化，提出了九叶青花椒园全年管理技术方案及农事安排，让椒农进一步掌握全年椒园管理的季节日程安排和技术要求。第五章对绿色食品的相关知识进行了简单介绍并提出绿色花椒生产的技术标准。第六章简单介绍了花椒的采收与贮藏。第七章主要介绍花椒的加工，重点介绍粗加工的生产流程和加工工艺，同时简单介绍了花椒油生产的二氧化碳临界萃取技术。在编写过程中，编者努力将科学原理与生产实践运用相结合，力求将基础知识与技术操作相结合，努力用通俗的语言，把九叶青花椒最先进的种植、管理技术深入浅出地写出来，尽量做到将技术运用的科学原理、技术要求、技术操作介绍相结合，让椒农尽可能全面掌握这些实用技术，加深对问题的理解，以便更好地运用和推广。

在编写过程中，编者得到了西南大学郭启高教授、重庆市农科院张云贵博士及重庆市市级科技特派员、业内专家、科技推广者的大力支持，在此一并表示感谢。

由于编者水平所限，本书中疏漏之处在所难免，恳请广大读者及专家、学者批评指正。

钟志祥

2021 年 3 月

目 录

第一章
概　述

花椒是我国特色的食用香料和中药材。它是一种四季常绿植物，绿化荒山荒坡和保持水土的效果明显，于1986年被我国列入生态树种。花椒宜利用荒山、瘠地进行种植，为传统的坡地或山地产业。花椒种植投资少，见效快，效益高，是深受广大农民欢迎的产业，是综合效益较好的农业产业。花椒果皮除用作调味品外，还可用来加工多种日用化工产品和医疗保健品等，可开发生产香皂、沐浴液、清新剂、杀虫剂等日化用品。依托引入产业企业、科研机构研发保鲜花椒、微囊花椒粉、鲜花椒油、花椒籽粒油、花椒精、花椒芳香精油、花椒麻精、花椒调味液、花椒香水、花椒祛痘乳、花椒洗脚液等精加工终极产品并投入生产，可大大拓宽花椒的消费领域，带动二、三产业的发展。花椒除大量用于餐饮服务业，在化工和卫生保健领域也得到快速广泛的应用，据2016年花椒市场供求数据分析统计，在未来20年中花椒在这3个应用领域中的需求量每年分别以12.68%、25.34%和22.56%的速度增长，同时随着人们饮食文化的变化，红花椒已基本处于饱和状态，对青花椒的需求却大幅度上升，预计年平均增长幅度在18.63%左右（其中调味品增长幅度在12.68%左右，加工制品的需求量增长幅度以每年24.34%的速度递增）。2015年，据中国调味品工业协会调查资料显示，我国现有花椒的总产量达到680万吨，仅能满足我国花椒需求量的32.86%，同时东南亚、美国以及欧盟各国对花椒的消费需求也在不断增加，国际市场潜力很大。因此花椒产业必将成为市场前景最广、经济效益较好的产业之一。

在农业产业结构调整、退耕还林工程、大山造林工程、水土流失项目、石漠化治理和森林绿化工程等项目中，大力扶持和培育花椒产业，已经成为许多适宜种植花椒的地区政府发展经济的重头戏。据2016—2018年产业发展规模统计分析，我国花椒种植规模每年以12%~15%的速度增加，其中青花椒的种植规模每年以6%~8%的速度增加，其种植面积由于受2015—2017年花椒市场一路走高[青干花椒单价于2017年高达160~220元/公斤[①]（1公斤=1千克），红花椒同期市场单价也拔高至220~300元/公斤]的影响，于2016—2018年得到极速发展。东至山东，西至新疆部分地区，南至海南，北至宁夏、甘肃、河北南部一线地区都有不同程度的种植发展。

[①] 本书为培训教材，主要面对广大椒农及花椒产业从业人员，因为大多数椒农的文化程度相对较低，生产实践中接触的工具、资料等大部分都是使用汉字单位，为方便椒农阅读、参考本书，书中单位全部使用汉字形式，且保留了少量目前农业生产中一直沿用的非法定计量单位，如公斤、斤、公里、亩等。——编者注

第一节　现代农业与现代花椒产业

一、现代农业概述

农业的发展经历了原始农业、传统农业和现代农业三个发展阶段。原始农业是指人们利用自然资源获取生活原材料的生产模式，是向大自然简单索取以维持人类生活所需，如原始狩猎、原始的采摘、初步的原始种植饲养等。传统农业是指人类对季节变化、土壤条件等与农作物种植的关系只有初步认识，懂得一些因地、因时种植技术，开始使用一些简单的生产工具进行辅助性生产，并将其产品投入商品市场。此阶段以手工操作为主体，生产成本较高，如大部分山区的种植业、养殖业等。现代农业是农业发展的最新阶段，将现代科研成果转化为生产力，利用现代化工业成果设备来装备农业，以机械作业、智能管理代替手工操作，广泛使用化工产品和大型农业设施设备，用现代科技改造和发展农业，用现代经济、管理科学来经营和管理农业，实现农业专业化、集约化、工厂化和市场化，形成了农业现代化的雏形，农业生产的效率空前提高，农产品的产量得到大幅度增加。

现代农业的特点：

1. 科学化

现代农业科技正快速地向农业生产、加工等领域渗透。科技进步将逐步代替对传统资源投入的单纯依赖，日益成为现代农业发展的主要动力。如生物科技的发展利用，杂交优势理论的应用，使人类能够通过育种手段，选择和培育出品类繁多、高产优质的农作物新品种。化学肥料和农药的发明和生产，农用化学工业的建立，提供了农作物所需养分，减少了病、虫、草的危害。现代农业机械的研发与广泛应用，以现代工业技术和设备装备农业。

2. 集约化

集约化主要是指现代农业的增长方式由粗放型增长向集约型增长转变。由单纯地注重数量和速度增长，转移到主要依靠优化产业和产品结构，提高增长的质量与效益上来；由单纯地依靠资源的外延开发，转移到主要依靠提高资源利用率和持续发展能力的方向上来；改单纯注重物质、资金投入的增长方式为在物质、资金投入增加的同时主要依靠科技进步、提高物质和资金利用率来实现农业效益最大化。

3. 工厂化

现代农业向规模化发展的结局就是实现生产工厂化，世界上农业发达国家在这方面已经获得可喜的成功经验，将大片的土地资源集中到农场主或公司企业，实现统筹统管，将农民转化为农业产业工人，实现农业的标准化生产工艺流程，严格执行其界定规范的生产执行标准，实现产品质量的统一性和标准化。

4. 商品化

商品化是农副产品商品化程度不断提高的过程，是从完全以自给自足为目标向完全以转化成社会消费为目标的过渡。

5. 市场化

现代农业是市场经济条件下发展的必然产物，建立完善的农业生产要素市场和农产品销售市场体系，是实现农业资源合理配置的前提。在农业改革的浪潮中，农业必将转化为现代高度发达的科学化产业和社会产业。

二、现代花椒产业

近年来，由于花椒产业链的进一步延伸，原材料的利用领域进一步扩展，市场需求进一步增加，市场单价一度提高，花椒产业得到快速发展。一些大型公司、业主介入花椒产业的原材料生产、精粗加工、市场营销，助推花椒产业向现代农业的方向发展。

（一）传统花椒种植的特点

目前，在我国大部分地区还保留着传统农业的生产模式。传统花椒种植产业模式具有如下生产特点：

1. 劳动用工密集

花椒产业在世界种植历史的数百年发展进程中，作为调味品生产在我国具有十分悠久的栽培历史，被称为中国特色的花椒产业，一直到 20 世纪初期均停留在传统农业的范畴，其采摘保持着树上采摘的劳动模式，树体高大，采摘速度极为缓慢，一个正常工作日采摘鲜花椒量约 20 公斤，粗放管理椒园 1 亩（1 亩≈666.7 平方米）地需要 20～25 个人工才能完成采摘工作。这种采摘用工的密集度严重制约了传统花椒产业的大规模生产。

2. 品种低劣

优良的繁育技术、工业产品、加工工艺没有运用到产业生产中。特别在品种选择上大多数地区仍然选择一些传统的没经过改良培育的品种进行栽培生产，比如在西南一些特定地区还存在大面积的枸椒、崖椒等品种，其表现为丰产性能低下、管理难度高、产品品质低劣等，这一现状若不能得到很好的改变，将无法满足现代化花椒产业发展的市场需求。

3. 管理粗放

生物科技在传统花椒产业中没有得到充分运用，不明确花椒管理的树体管理、肥水管理、病虫害防治、土壤管理的科学化管理方法；没做到适时修剪、平衡施肥、科学防病等关键性技术问题；不依靠花椒物种生物学特性和物候期特点谈管理，没有管理的理论依据做指导；现代生物制剂在生产中没有得到良好的运用，如效唑类物质、硼制剂、细胞分裂素等在挂果枝木质化控梢、促进花粉管生产和促进果皮增厚生长中没有得到科学有效的运用；病虫害预防意识差，致使园区病虫害频繁暴发，落花落果现象严重，丰产性能表现极差；无法适应现代花椒产业规模化、工厂化生产的需求。

4. 规模化生产无法实施

传统花椒产业以小户型、分散型生产为主，由于其为用工密集型产业，工业机械没有得到良好运用，无法实现规模化生产是必然的。因此在 20 世纪末 21 世纪初，一些依靠政府项目投资从事花椒原材料生产的大型基地因为资金链、劳动用工等问题纷纷以失败结束。

（二）现代花椒产业的特点

实现农业现代化是党的十六大以来确立城乡统筹发展的方略，工业反哺农业，城市支持农村方针的落实，营造了农业现代化建设的良好氛围。在这一特殊时期，花椒产业的发展发生着日新月异的变化，其主要表现为以下特点：

1. 规模化生产基地逐步落成

继 20 世纪末 21 世纪初建成的一些上规模的花椒产业基地大部分以失败告终，在近几年内新兴的一些公司企业财团将目光投入农业产业，将大量的资金投入花椒基地建设经营。个体业主上百亩的基地已经在这一投资风暴中显得微不足道，公司企业财团的花椒基地建设少则几千亩，多则几万亩，青花椒规模化生产基地正在加速形成，在实现产业化、工厂化生产进程中树立了风向标，对带动产业健康发展发挥了重要作用。

2. 科技含量不断提高

依赖于传统农业的生产模式，显然无法适应需要。企业财团业主在发展建设生产经营过程中不自觉地走向了科技农业的道路，并涌现出一大批业内专家、教授、学者或掌握了一定技术经验的从业者担任其产业顾问或从事技术指导员工作，将已经成熟的或正在开发的花椒种、管、加工、销售高新技术广泛运用到基地生产中，为产业的健康发展降低风险保驾护航。种植建园中更加注重园区的产业论证、科学选址、科学规划，更加接近实现规模化工厂化生产的建园目标；椒园管理中更加注重花椒品种生物学特征和物候学特点，结合实情因时、因地、因树实施科学管理；加工生产中，更加注重产品市场要求，努力提高产品质量，将一些新的工业技术广泛运用到加工中来，加工工艺流程日趋完美，构建出批量加工的雏形；销售过程一改传统农业销售模式，广泛引入"互联网＋"，构建网点销售模式，为销售提供了反应快速、管理先进的体系。

3. 标准化生产正在成型

目前已经悄然形成以大基地为主的以企业公司财团为主体的产业定位（产品定位），在产业定位目标的形成过程中，更多的企业为实现生产的工厂化、集约化努力寻求适合基地发展生产所需的生产执行标准，让其成为指导生产管理的总体纲要和实施细则。制定出一系列的《树体管理生产执行标准》《肥水管理生产执行标准》《病虫害防治生产执行标准》《土壤管理生产执行标准》《产品加工工艺标准》等，形成相应的《花椒全年管理技术方案》《季度管理细则》用以直接指导生产农事安排，基本实现按标生产、按则管理的标准化、工厂化生产模式。

4. 集约化程度越来越高

大规模生产基地的形成不再是传统农业的刀耕火种模式，首先引入了具有一定生产技能的产业工人补充到生产管理行业中，管理工人的整体生产素质与管理水平得到提高，为整体按标生产、按则管理提供了共同协作的可能；其次利用现代工业技术，引入生产设备，实现机械化或半机械化生产，一定程度让产业从劳动用工密集型中解放出来，大大降低了生产成本，使产品自身蕴含的价值降低，增强市场竞争力；最后利用现代生物科技，提高有效挂果枝的形成与花芽分化，加速膨果进程，实现丰产增收。

5. 产品质量日趋统一

大规模生产基地的产品商品化程度日渐提高，在其生产中以产业定位为主体目标，实施按标生产、按则管理。传统农业的生产管理模式是以小规模农户生产为基准单元，故无法保障产品的统一性。而大规模生产基地产品质量的稳定性和统一性得到了有效保证，为实现其产品目标和现代人们对食品安全的要求提供了依据。

花椒产业的发展正在以它独特的方式，适应现代农业产业发展的需要和现代农副产品的营销特点，向着健康稳定地集原材料生产、加工、现代营销于一体的综合型链式发展方向行进。

第二节　九叶青花椒的生物学特征和物候期特点

任何一种植物都有其自身的生物学特征与物候期特点。生物学特征是指植物生长发育、繁殖的特点和有关性状，如种子发芽，根、茎、叶的生长，花果种子的发育、生育期、分蘖或分枝特性、开花习性、受精特点，各生育时期对环境条件的要求等。物候期特点是指植物受生物和非生物因子(气候、水文和土壤条件)影响而出现的以年为周期的自然现象，包括各种植物发芽、展叶、开花、结果、落叶等现象。物候记录不仅反映了当时当地的气候和环境状态，还反映了过去一段时间内气候条件积累对生物的综合影响。

如果我们背离农作物的生物学特征与物候期特点，引种不适宜本地区生长的农作物品种，必将为此付出惨重的代价。在 20 世纪末 21 世纪初，在我国大力发展农业和退耕还林项目进程中，有部分地区政府领导不考虑实地气候条件、立地条件，不研究物种的生物学特征与物候期特点，盲目引入产业项目，致使不适宜的物种引入后生长不如人意，无法达成预期目标，造成产业项目资金损失惨重，广大百姓蒙受损失。

如果我们离开农作物的生物学特征与物候期特点来制订该物种的生产管理方案并在生产中执行，必将无法实现生产管理的准确性、时效性和效益性。在传统花椒产业的生产中，有部分椒农无法理解花前肥的施放时间、用肥种类及用量。一种表现为在花椒休眠期施肥，此时花椒正处于休眠期，连最根本的吸收营养的主要器官根都没有进入萌动阶段，树液没有流动，树体无法完成对营养的吸收与运输，显然造成施肥的极大浪费。另一种表现为在萌动期大量施肥，此时树体刚从漫长的休眠期中苏醒过来，根刚开始活动，树液开始流动，大剂量的用肥加重树体生理功能负担，而出现大量的激花激果现象，造成严重损失。

显然，在生产管理过程中充分利用农作物的物种生物学特征与物候期特点来制订科学的管理方案，用以指导生产，意义重大。本节就九叶青花椒的生物学特征与物候期特点进行初步的探讨。

一、九叶青花椒的生物学特征

重庆市江津区位于重庆市西南部，全区土地面积 3 200 平方公里（1 公里=1 千米），江津区地貌以丘陵、低山为主，大部分海拔在 250～1 000 米，地势南高北低，高低悬殊，坡度大，地形破碎；气候类型多样，雨量充沛，热量较丰富，雨热同季。正是这种独特的地形、地貌以及气候特征，为花椒的生长提供了得天独厚的生态环境条件。目前，江津九叶青花椒生产基地已经达到 70 余万亩的规模。

九叶青花椒生长快，结果早，一年生苗可达 1 米以上；经营管理好的椒树，第二年可开花结果，每株可产鲜花椒 3～5 公斤；3～4 年大量结果，单株产量在 6～10 公斤，并延续 10～15 年，每株最高可产鲜花椒 20 公斤左右；椒树生长寿命 40～50 年，衰老后可采用砍伐萌芽更新（大更新）。

九叶青花椒以一年生长果枝（80～130 厘米）、短果枝（30～60 厘米）为主要结果枝，果实具有清香、麻味醇正的特点。经西南大学检测：其富含人体所需的维生素 C、铜、铁、硒等多种微量元素和人体不能合成的必需脂肪酸（亚油酸、亚麻酸）等营养物质，花椒果皮和花椒籽的含油量分别为 10.7% 和 27.6%，香精比红花椒高 6～8 个百分点。特别是花椒籽油富含人体必需的不饱和脂肪酸，其中被医学界、食品界专家誉为"脑黄金"的 α-亚麻酸，具有软化血管、通络活血的功效，是一种理想的高级保健食用油。九叶青花椒的麻味与其他花椒一样来源于果实中含有的山椒素，山椒素的含量决定了花椒麻味的浓郁程度，在现有所有青花椒与红花椒的果实有效成分含量检测中发现，九叶青及以九叶青为母本培育的相应品种的果实山椒素含量最高，麻味最浓。美籍华人汤玛斯·查理品尝江津九叶青花椒后，称赞其"椒香味浓，实属罕见，堪称人间极品"。

（一）九叶青花椒的生物学地位

九叶青花椒属芸香科花椒属植物，原产地并非重庆江津。江津先锋地区因小气候环境特征特别适宜花椒生长，加之遂宁质土壤等条件，先锋果园村农民马昭军于 1978 年外出攀枝花打工，引进云南小青花椒 500 株在江津全区率先种植，其表现良好，于是江津区组织原四川果树研究所、西南大学等单位近 20 位研究人员、教授、学者、技术员通过 10 余年的栽培、提纯复壮，逐步选育、繁殖、推广，形成独具江津地方特色的花椒优良新品种，它拥有投产早、品质优、产量高的特点。1996 年 1 月 15 日，时任中共重庆市委副书记黄立沛视察先锋花椒基地建设时，正式将先锋地区栽培的花椒命名为"先锋花椒"，非学术名称，其幼树大多数叶为 9 片小叶，因此，俗名"九叶青"。进入 21 世纪后，生物技术得到更加广泛的运用，特别是矮化密植技术和技改的运用，让九叶青花椒表现出惊人的优良品性，特别是丰产性表现得更加充分，一举成为引领青花椒类的最优品种，与红花椒类的狮子头、大红袍齐名。

（二）九叶青花椒的生长发育特征

1. 花椒芽及发育

花椒芽有叶芽、花芽之分。叶芽又分为营养芽和潜伏芽。营养芽发育较好，芽体饱满，着生在发育枝和徒长枝的中上部，翌年春季可萌发形成枝条。潜伏芽发育较差，芽体小，着生在发育枝、徒长枝、结果枝下部或骨架枝组枝干的皮下。花芽饱满，呈圆形，着生在一年生枝的中上部，实际是混合芽，内有花器的原始体和雏梢的原始体。春季先抽生一段新梢（结果枝），后在新梢顶抽生花序，开花结果。

2. 花椒的枝干及发育

（1）花椒的枝干种类

① 结果枝：由混合芽萌发而来，顶端着生果穗的枝条。第二年转化为结果母枝，在其上萌生出新一年的结果枝。

② 结果母枝：非永久性的，是发育枝。结果枝在其上形成混合芽后到花芽萌发而抽生结果枝、开花结果这段时间所承担的角色，果实采收后转化为枝组枝轴。在现代生产采果修剪过程中，已不再保留此类枝条，仅保留为提供次年结果枝萌生极短的枝桩。

③ 发育枝：由营养枝萌发而来。当年生长旺盛，形不成花芽，落叶后为一年生发育枝，当年生长一般，其上可形成花芽，落叶后转化为结果母枝。发育枝是扩大树冠和形成结果枝的基础，是树体营养物质消耗最主要部分，除特殊生产所需外，在现代生产中已经不保留此类枝条。

④ 徒长枝：由多年生枝皮内的潜伏芽在枝干折断、刺激、树体衰老时萌发而成，生长旺盛，直立粗长，长度50~100厘米。此类枝条在生产中营养消耗大，在现代生产中除进行大更新时需要保留一定数量的本类枝以外，其余时间不再保留此类枝条。

（2）枝干的发育

树皮棕黑色，带锐刺；树干上有很多"瘤"状突起。春季气温稳定在10摄氏度时开始生长，结果枝在第一生长高峰期（3月上旬到5月中旬）完成开花结果。在果实成熟进行采果修剪后培育新一年的结果枝在第二生长高峰期（6月上旬至9月中下旬）中完成，形成新一年的有效结果枝。

3. 花椒的叶及发育

花椒的叶为奇数羽状复叶，叶互生，小叶7~19枚，极少数的红花椒品种叶片可达21片以上。九叶青花椒及以其为母本培育的系列品种的叶呈卵状，长椭圆形或柳叶形，叶缘细锯齿，齿缝有透明"油点"，叶柄两侧着生"皮刺"。聚伞状圆锥花序，顶生，单性或雌雄同株。管理水平高的叶大、厚、浓绿；反之，叶小、薄、淡绿。九叶青花椒在其生命过程中，叶片数量发生着一系列的变化，幼苗期叶片通常从最基部的3片叶开始随植株的长高新萌生的叶逐渐变化为5片叶、7片叶直到9片叶，其培育品种在肥水条件特别好的情况下可呈现11片，随后进入挂果期叶片开始退化，从最初的幼苗期顶端的9片叶分别退化为7片叶、5片叶甚至3片叶，丰产性能越好的植株叶片退化越严重。

4. 花椒的花器和开花结果

（1）花芽分化

花芽分化是指植物茎生长点由分生出叶片、腋芽转变为分化出花序或花朵的过程。花芽分化是由生理生长向生殖生长转变的生理和形态标志。这一全过程由花芽分化前的诱导阶段及之后的花序与花分化的具体进程所组成。一般花芽分化可分为生理分化、形态分化两个阶段。芽内生长点在生理状态上向花芽转化的过程，称为生理分化。花芽生理分化完成的状态，称作花发端。此后，便开始花芽发育的形态变化过程，称为形态分化。随挂果枝的培养，花芽随之开始分化，一直持续到次年开花前完成整个分化过程。其分化过程分为分化准备期、花序原基质分化期、花轴分化期、花蕾分化期、萼片形成期、花蕊形成期6个阶段。花芽分化的数量和质量直接影响产量。

（2）花序和花

花序一般长3~7厘米，有50~150个花蕾，最多的可达200个以上花蕾。重庆市大部地区在2月中下旬进入现蕾期，25~35天后进入花期，3月下旬至4月上旬初开始开花，3~4天后进入盛花期，花期一般7~10天。

（3）果实及生长

骨突果，果皮有"疣"状突起，果实完全成熟时呈红色或紫红色，种子1~2粒，大多数为1粒，圆形或半圆形，黑色有光泽。其生长可分为坐果期、果实膨大期、果实速生期、缓慢生长期、着色期、成熟期。

5. 根系结构

九叶青花椒为浅根性树种，根系垂直分布较浅，而水平分布范围广，水平扩展范围可达15米以上，约为树冠直径的5倍，具有良好的保持水土的作用。花椒的根分为木质根和营养根两类。木质根木质化程度高，深扎土壤中可达70~100厘米，发挥支撑树体的功能。营养根水平分布在土壤表层，为重要的营养器官和呼吸器官。

（三）九叶青花椒的个体生命周期

花椒从种子萌发生长形成植株或苗木定植成活后，经过生长发育，开花结果，直到衰老死亡的全过程称为花椒的个体生命周期。完成个体生命周期所经历的时期称为自然寿命。花椒的自然寿命为40年左右，最多可达50~80年。

花椒的个体发育分幼龄期、结果初期、结果盛期和衰老期4个阶段。

（1）花椒幼龄期：从种子萌发或苗木定植成活到开花结果前称为幼龄期，也叫营养生长期（生理生长期）。花椒幼龄期一般为2~3年，这一时期花椒树体生长发育的特点是：离心生长旺盛，地下部分和地上部分迅速扩大，开始形成根系和树体骨架。花椒幼龄期是树冠骨架建造和根系形成时期，对花椒一生的生长发育有着重要的影响，其生长的好坏直接关系到树体的早结果和丰产。这个时期栽培的主要任务是：促进树冠和根系迅速扩大，培养好树体骨架枝组群，保证树体正常生长发育，促进树体营养积累，为早结果和丰产奠定基础。

（2）花椒结果初期：从开始开花结果到大量结果以前为结果初期，也叫生长结果期。一般为1~3年，这一时期的前期，树体生长仍然很旺盛，分枝大量增加，骨干枝不断向外延伸，树冠继续扩大；到后期，骨干枝延伸缓慢，分枝量和分枝级数增加，花芽量增加，结果量逐渐地递增。

结果初期是树体骨架进一步形成，结果量逐年增加的时期，即由营养生长占优势到逐渐与生殖生长趋于平衡的阶段。这个时期栽培的主要任务是：尽快完成骨干枝的配备，培养好枝组，在树体健壮生长的前提下，迅速提高产量。如果忽视枝组培养和树体的健壮生长，就会引起树体早衰，影响盛果期年限。

（3）花椒结果盛期：从开始大量结果到树体衰老以前为结果盛期，也叫盛果期。花椒盛果期一般为15～25年。进入结果盛期的花椒，其根系和树冠的扩展范围已达到最大限度，树姿逐渐开张，结果枝大量增加，产量达到高峰。后期，骨干枝上光照不良部位的结果枝出现干枯死亡现象，内膛逐渐空虚，结果部位外移，短果枝比例显著增加。如果这一时期管理不当或结果过多，都会引起"大小年"结果，加快衰老期出现。

结果盛期是花椒栽培获得最大经济收益的时期，因此，这一时期栽培的主要任务是：加强花椒的水土肥管理，稳定树势，防止"大小年"结果，推迟衰老期出现，延长本期年限，保证连年高产稳产，以争取最大的经济效益。

（4）花椒衰老期：树体开始衰老到死亡为衰老期。衰老期栽培的主要任务是：加强肥水管理和树体保护，延缓树体衰老。同时，要充分利用内膛徒长枝，有计划地进行局部更新，恢复树势，保证获得一定的产量。当获得的经济效益不高时，应尽快着手全园更新。

在花椒的生命周期中，虽然每个生长发育阶段的生长发育特点、形态表现、时间长短都各不相同，但各阶段之间并不存在截然分开的界线，往往是逐渐过渡和交错进行的。各阶段生长发育的变化速度和时期长短，主要取决于立地条件的好坏与栽培技术是否合理。在花椒一生栽培管理中，应坚持以树冠的设计大小、布局合理为前提，适当缩短幼龄期；以高产、稳产和长期的经济效益为目标，最大限度地延长结果年限；以收获的经济效益为指标，延缓衰老，缩短衰老期，合理运用栽培技术，创造良好的环境条件，获得生命周期内的最大经济效益以及生态效益。

二、九叶青花椒的物候期特点

花椒每年随四季气候的变化，进行萌芽、开花、结果和抽枝等一系列的生命活动。在一年中，花椒这种与气候的变化相适应地进行形态和生理的变化，并表现出一定的生长发育的规律性，叫作花椒的年生长周期。在年生长周期中，与季节性气候变化相应的花椒树器官的生长发育时期，称为生物学气候时期，简称物候期。

物候期是制订管理计划或方案的基础，一切农事管理都是以物候期的变化为前提进行的。

九叶青花椒的物候期分为生长期和休眠期。其中，生长期包括萌动期、花蕾期、花期、成籽期、果实成籽期、膨果期、果实成熟期、花序分化期。物候期的区划与所在地理位置的当年气温变化具有直接关系，因此同一个品种的花椒的物候期区划具有如下规律：

（1）不同的种植区域或地方因气温条件不同，其物候期区划不同，表现出时间差异；

（2）同一种植区域或地方由于各年气温变化规律不一样，每年物候期区划具有时间上的差异，如当年上半年气温上升速度快，则上半年所有物候期提前，反之则推迟；下半年如果气温下降速度减慢，则物候期推迟，反之则提前。

值得一提的是，在一些海拔较高的山区或一些特殊气候环境的区域会出现上半年气温上升速度慢而下半年气温下降速度较快，则会出现生长期缩短而休眠期延长，上半年的物候期滞后，下半年的物候期提前的特殊物候期特点。其管理应当结合物候期的变化规律调整为上半年的管理推迟而下半年的管理提前。

"九叶青"花椒的物候期，按其年生长特点大致区划如表 1-1 所示：

表 1-1　九叶青花椒的物候期

花萼分化期（有萼）		花蕊分化期					花序分化准备期	花序分化原基质积累期	花序轴分化期	花蕾分化期	花萼分化期（有萼）
		萌动期	花蕾期	花期	成籽期	膨果期	采果期	新果枝培养期			
		第一生长高峰期				第二生长高峰期			挂果枝营养贮备期		
休眠期		生长期								休眠期	
生殖生长期					营养生长期		生殖生长期				
1 月	2 月	3 月	4 月	5 月	6 月	7 月	8 月	9 月	10 月	11 月	12 月

九叶青花椒全年生长特点可划分为生长期和休眠期两个时期，重庆市大部分地区及四川中东部地区生长期一般从每年的 2 月下旬或 3 月上旬开始至 10 月下旬或 11 月上旬结束，休眠期从每年的 10 月下旬或 11 月上旬开始至次年 2 月中旬或 3 月上旬结束。生长期又划分为两个生长高峰期，第一生长高峰期为每年的 3 月开始至 6 月上旬结束，第二生长高峰期从每年的 7 月开始至 9 月下旬结束。对挂果椒树而言，第一生长高峰期主要是花和果的生长，第二生长高峰期则是夏秋梢（第二年挂果枝）生长和花序分化的进行。

生长期依次又可分为以下各个时期：

1. 萌动期

萌动期是指花椒通过休眠期后进入复苏萌动的时期。萌动期一般在环境气温达到 6 ~ 8 摄氏度时开始，在中纬度亚热带常绿阔叶林带一般从 2 月 20 日左右开始至 3 月 4 日左右结束，其他高海拔立体气候地区及低高纬度地区存在较大差别。此期花椒的根系开始生长，挂果椒树是施用花前肥最好的时机。

2. 花蕾期

花蕾期是指花椒从现花蕾至开始开花的时期，一般长达 1 个月至 1 个半月，在中纬度亚热带常绿阔叶林带通常从 2 月中旬开始至 3 月下旬或 4 月上旬结束。对气温不高的年份或高海拔立体气候地区及高纬度地区，花蕾期延长，可至 4 月中下旬，甚至更迟。对低纬度地区或环境气温较高的地区花蕾期提前。

3. 花　期

花期是指花椒开始开花至花完全凋谢的这一时期，在中纬度亚热带常绿阔叶林带一般是

3月底至4月上旬，时间7~12天。对气温不高的年份或高海拔立体气候地区及高纬度地区，其花期向后推迟；对低纬度地区或环境气温较高的地区花期提前。

4. 成籽期

成籽期是指花期结束后形成果实的这一时期，一般是4月中旬至下旬，时间通常在10~15天。环境气候条件不同，成籽期也随花蕾期和花期提前或推后。

5. 膨果期

膨果期是指成籽期结束，果实快速膨大的这一时期，一般是4月下旬至5月下旬。膨果期结束，果实着青色，可以食用。一般说来膨果期结束，花椒果实的干物质就基本确定了，因此膨果期结束后就可以进入采收工作。为了保证在第二生长高峰期中培养第二年挂果枝，因此九叶青花椒的采收工作最好是在九叶青花椒第二生长高峰期来临后开始采收，原则上越早越易于培养次年挂果枝。

6. 成熟期

成熟期是指花椒膨果期结束至花椒果实色泽变成暗红色或紫色的这一时期。在重庆大部地区，成熟期一般是6月上旬开始至立秋前。如此时再不采收，花椒即将自行脱落或可能影响九叶青花椒特有的青花椒外观及麻香品质。但是，若需采收椒种，则应把花椒果实蓄留到9月上旬的白露节前后。原则上凡是青花椒均应当赶在果实膨大期结束时开始采收，以防止果实色泽变化而无法保证青花椒青翠的色泽商品性，采摘越晚的青花椒，其外观商品性会下降。

7. 花芽分化期

花芽的分化随挂果枝形成后花芽的形成而开始，其时间为每年的采果修剪挂果枝形成开始至次年花期到来结束。花芽分化的程度直接决定着花的数量和坐果率。

花芽分化是在内外条件综合作用下进行的。首要条件是花芽分化的物质基础，也就是营养物质积累达到了一定水平，而激素和环境作用也是花芽分化的重要条件，影响花芽分化的因素有如下几个方面。

（1）芽内生长点细胞分裂缓慢：当芽内生长点细胞进行缓慢的分裂时才能进行花芽分化。进入休眠的芽，停止细胞分裂的芽都不进行花芽分化。旺长的新梢，由于生长点细胞分裂迅速，也不能转化为花芽而只能继续延长生长。

（2）营养物质积累：在花芽分化过程中，适宜的营养生长和增加光合产物的积累是形成花芽的前提。碳水化合物占优势有利于花芽分化；反之，氮素化合物占优势，就不利于形成花芽。也有人研究认为，花芽分化与氮的形态有关。施用铵态氮比硝态氮更利于花芽分化，而施用铵态氮时配合钾素，对形成花芽更有利。

（3）叶面积大小：叶面积大，接受光照多，光合效率高，有利于营养物质积累，花芽分化率高。一般说来，枝条上叶片多而肥大，叶色浓绿，芽体饱满，容易转化为花芽。叶少而黄瘦的枝条，其上的顶芽或腋芽质量较差，不易形成花芽。

（4）果实对花芽分化的影响：花椒树进入盛果期后，结果量大，养分消耗多，体内营养积累相对减少，从而影响了花芽分化。对有果短枝和无果短枝的内含物分析结果表明，有果短枝中碳水化合物含量显著降低，因而减少了花芽分化率。

（5）植物激素：大量研究证明，赤霉素是抑制花椒树花芽分化的主要物质。发育中的种子会产生大量赤霉素，其浓度比叶片和新梢高几十倍到几百倍。通常，在着生幼果的枝段下部，生长点不易形成花芽，说明幼果种子形成大量赤霉素，对花芽分化有明显抑制作用。有些植物激素，由于能调节、控制植物的生长发育，也表现出能促进花芽的分化，如矮壮素（CCC）、比久（B9）、多效唑（PP333）等能抑制植物过旺的营养生长，有利花芽的分化。

（6）环境条件：改善光照条件，能抑制新梢旺长促进花芽分化。在海拔较高的西北果区，光照强，生长停止早而花芽形成良好；在花芽分化期，高温（30 摄氏度以上）、低温（20 摄氏度以下）都会影响花芽分化，花芽分化的适温为 20 摄氏度左右；花芽分化临界期之前短期控制水分（60%左右的田间持水量），可抑制新梢生长，光合产物积累多，有利花芽形成。

第三节　九叶青花椒的品质特征

九叶青花椒及以其为母本培育的系列品种的果实，以其独特的风味在众多花椒品种中独树一帜，麻味醇正浓郁，香味四溢扑鼻，可用来烹饪色香味美的高档菜肴。其品质远远优于陕西红花椒、云南水花椒、枸花椒等其他品种，也比原来的小青花椒品种更佳。经超临界萃取工艺及设备进行分离提纯比较实验，发现九叶青花椒的花椒精油含量比大红袍高出 42.9%，里哪醇含量高出近 10 倍，花椒籽油中被专家称为脑黄金的 α-亚麻酸含量高达 30%，具有降血脂，软化、疏通心脑血管，延缓衰老等功效。总之，九叶青花椒及以其为母本培育的系列品种，其产品以遥遥领先的品质优势在整个花椒市场独领风骚，是其他任何红花椒都无法比拟的，在所有青花椒品种中也是公认的极品。

一、九叶青花椒具有良好的生长适应性

九叶青花椒的优越生物学特性决定了它具有良好的生长适应性，它广泛适用于温带、亚热带地区种植。

土壤要求接近中性（pH 6.8 ~ 8.0）、通透性强的喀斯特地貌和遂宁质土壤生长良好，环境温度介于 0 ~ 38 摄氏度，年日照时间介于 1 200 ~ 1 650 小时，霜冻期不高于 85 天。在不同区域达到九叶青花椒及以其为母本培育的系列品种种植的适宜平均温度、年日照时间、年降雨及分布、年无霜期的条件下，海拔对植株生长表现和挂果情况无明显影响，因此对于不同的地区研究海拔对花椒的生长与挂果没有实际意义，如在重庆地区海拔达到 1 200

米以上表现极差，而在云南、贵州西南地区海拔达到 2 600 米左右时仍表现出极好的性状特征。在同一地区，原则上海拔过高会在一定程度上影响其丰产性，原则上同一地区应选择同时达到品种需要适宜的平均温度、年日照时间、年降雨及分布、年无霜期的条件的海拔区域进行种植，方可收到良好效果。开花挂果期最大风力不高于 5 级的地区生长良好，具极强的抗旱性和抗病性。

二、九叶青花椒具有良好的早产性和丰产性

九叶青花椒具有良好的早产性。九叶青花椒根据不同的定植苗木，进入初果期的时间略有不同。使用隔年生直生苗木定植，其前期发育不理想，一般定植后 3 年进入初果期。通常使用容器苗于每年的 4 月上旬至 7 月上旬进行雨季定植，便于树型培养，使其快速进入当年生长高峰期，于当年定主干、定一级主枝（也可利用一级主枝培养为次年挂果枝实现早挂果）、二级主枝，二级枝可于次年开花试果，次年 5 月底定三级主枝，三级主枝于 5 月至 7 月生发的新枝培养成次年的挂果枝，于是进入初果期，从定植到进入初果期只需 18 个月，体现出九叶青花椒良好的早产性能。

九叶青花椒具有良好的丰产性。但其丰产性直接与管理水平有关，粗放管理的自然林鲜花椒亩产量不高于 200 公斤；中等水平管理的椒园鲜花椒亩产量一般介于 400～450 公斤；实施标准化精细管理的椒园鲜花椒亩产量一般不低于 750 公斤，最高亩产量可以达到 1 800 公斤，表现出良好的丰产性。笔者于 2016 年指导下的矮化密植椒园定植后第 5 年进入盛果期，年均亩产达 850 公斤，最高亩产达 1 700 公斤，实现平均单产产值超 30 000 元，最高单产产值超 35 000 元的记录。

九叶青花椒以其优越的产品质量、适应性、抗病性、抗旱性、早产性和丰产性，在青花椒领域独树一帜，占据了重要地位。就全国花椒的种植面积来看，青花椒的种植面积约占全国花椒种植面积的 1/3，而九叶青品种的种植面积目前已经达到 780 万亩，集中分布于四川、重庆、贵州、云南、湖北、山东等地，约占青花椒种植面积的 78%；就其产量而言，九叶青花椒的总产量于 2008 年达到 43 万吨，占青花椒总产量的 71.23%；就其应用领域而言，九叶青花椒以其独特的有效成分含量广泛应用于调味品、化工原料、香精香料和卫生保健领域，是现有花椒品种中应用领域最广的品种，从而决定了九叶青花椒具有优越而纵深的产业链，确定了九叶青花椒产业可持续健康发展的可能性。

九叶青花椒品种形成已经近 40 年历史，在长时间的种植生产过程中，其基因发生了一些变异，形成了一些特殊的植株，在生产中也有部分种植户或业主发现了一些特殊植株，并通过精心管理获得其种子，进行反复播种、嫁接，获得了一些与九叶青是近亲的特殊品种，明显提高了抗逆性与丰产性，获得较大的成功。比如在重庆市江津区，农户从衰老死亡树的树桩上获得新生叶芽，经嫁接培育而成的品种具有叶片比原九叶青大而厚、刺节密、枝更壮、抗性更强、果实更大、脂肪酸与山椒素含量更高的优良品种。在生产中已经推广试种多年，获得较好的评价，为青花椒产业增加了新成员，大大降低生产能耗，为提高其经济效益做出了贡献。

第四节　九叶青花椒的产业效益

一、九叶青花椒的种植效益

花椒生产以投资少、见效快、效益高深受广大椒农朋友的喜爱，是发展地方经济和致富一方百姓的优势产业。以一位劳动力管理 25 亩椒园（矮化密植园）为例进行经济效益分析，如表 1-2 至表 1-9 所示。

表 1-2　建园费用成本核算　　　　　　　　　　　单位：元、株、亩

项　目	标　准	单价	合　计
土地租金	熟地（前三年）	600.00	45 000.00
定点放线	200×200	20.00	500.00
清林	点状清林（60×60）	100.00	2 500.00
挖种植堆	60×60×60	160.00	4 000.00
苗木费	165 株/亩	200.00	5 000.00
定植费	营养土略高于穴边沿	100.00	2 500.00
建园费用小计			59 500.00

表 1-3　幼苗期管理成本核算　　　　　　　　　　单位：元、株、亩

项　目	标　准	单价	合　计
肥水管理（肥和人工）	共计施肥 12 次	600.00	15 000.00
骨架枝组培养人工费	一次定干，一次定一级枝	100.00	2 500.00
病虫防治与生物制剂运用（含人工）	共计喷药 18 次	1200.00	30 000.00
挂果枝叶群培养	一次夏季修剪三次疏枝、一次摘心、一次压枝	300.00	7 500.00
除草工作药与人工费	6 次树盘除草，6 次全园除草	600.00	15 000.00
采果费用	平均单株 3.00	480.00	12 000.00
幼苗期管理费用小计			82 000.00
备注	幼苗期是指从种植至第一次采果的时期		

表1-4 初果期第二年管理成本核算　　单位：元、株、亩

项目	标准	单价	合计
土地租金		600.00	15 000.00
肥水管理（肥和人工）	共计施肥6次	600.00	15 000.00
病虫防治与生物制剂运用（含人工）	共计喷药16次	800.00	20 000.00
挂果枝叶群培养	一次夏季修剪三次疏枝、一次摘心、一次压枝	400	10 000.00
除草工作药与人工费	3次树盘除草，3次全园除草	300	7 500.00
采果费用	平均单株6.00	960.00	24 000.00
挂果初期第二年管理费用小计			91 500.00
备注	挂果初期第二年系指继前一年试果后的第二年挂果期为种杆后的第四年		

表1-5 盛果期第一年管理成本核算　　单位：元、株、亩

项目	标准	单价	合计
土地租金		600.00	15 000.00
肥水管理（肥和人工）	共计施肥4次	800.00	20 000.00
病虫防治与生物制剂运用（含人工）	共计喷药12次	1200.00	30 000.00
挂果枝叶群培养	一次夏季修剪三次疏枝、三次剪梢和新枝，一次摘心，一次压枝	400	10 000.00
除草工作药与人工费	3次树盘除草，3次全园除草	200	5 000.00
采果费用	平均单株12.00	1920.00	24 000.00
挂果初期第二年管理费用小计		4320.00	104 000.00
备注	挂果盛期第一年系指种植后的第五年，以后基本每年都是本生产成本标准		

表1-6 25亩椒园建设与20年生产管理成本核算　　单位：元、株、亩

项目	年限	小计	备注
建园	第1年	59 500.00	未挂果
幼苗期	第1~3年采果前	82 000.00	第三年进入试果期
初果期	第4年	91 500.00	初果期
盛果期	第5~20年	1 664 000.00	每年104 000元管理
补植费	20年	50 000.00	因死亡补植种苗费及人工费预计50 000元
合计	20年	1 942 000.00	20年全部成本

表 1-7 花椒园产值估算　　　　　　　　单位：斤、元、株、亩

时间	单株产量	亩产量	年总产量	鲜花椒单价	年亩产值	年总产值
定植后3年进入初果期，初果期时间2年，鲜花椒单价6元/斤（1斤=0.5千克）计算						
第3年	3	480	12 000	6.00	2 680.00	72 000.00
第4年	6	960	24 000	6.00	5 700.00	142 500.00
以后进入盛果期，盛果期16年，鲜花椒单价6元/斤计算						
第5年	10	1 600	40 000	6.00	9 600.00	240 000.00
…	…	…	…	…	…	…
第20年	10	1 600	40 000	6.00	9 600.00	240 000.00
合计	169	27 040	676 000	6.00	162 240.00	4 056 000.00
备注	建园后第3年进入试果期，第4年进入初果期，第5年进入盛果期（16年），以20年计算，其管理按精细化管理水平标准计算成本，其产量按中等水平管理标准计算。单价以2010—2016年间低标准计算					

表 1-8 椒园收支平衡找准点分析　　　　　　　　单位：元

年度	投资	利息6%	支出积累	收入积累	收支差额
1～3年	136 500.00	8 190.00	137 319.00	72 000.00	− 65 319
第4年	91 500	9 409.14	238 228.14	216 000.00	− 22 228.14
第5年	104 000	7 572.48	349 800.62	456 000.00	106 200.00
…	…	…	…	…	…
第19年	104 000		1 805 800.62	3 816 000.00	2 010 199.38
第20年	104 000		1 909 800.62	4 056 000.00	2 146 199.38
收支平衡点	建园后第5年，当年累计利润106 200.00元				

表 1-9 花椒园利润、资本回报率、利润率分析

项目	金额	备注
总投资/元	1 909 800.62	未计入收入资金利息和深加工带来的利润
总产值/元	4 056 000.00	
利润/元	2 146 199.38	
资本回报率/%	212.39	
利润率/%	52.91	

以上产量统计数据是按精细化管理水平成本支出、中等水平管理产出及最低市价进行的统计分析，若管理水平更加精细，其产量大幅度提高。笔者在重庆市江津区吴滩镇现龙村、先锋镇秀庄村、石门镇指导建设管理的椒园，进入盛果期后年亩产值上 2 万元的椒园十分普遍，最高年亩产值达到 3 万元以上。

以上数据分析：以九叶青花椒 20 年为一个生产周期（管理水平高的椒园其平均寿命达45 年，盛果期 25～30 年）进行计算分析，收支平衡点在建园后第 5 年并出现利润，资本回报率为 212.39%，利润率为 52.91%。

个人从业间接经济效益：同样以个人管理 25 亩椒园（矮化密植园）为例来进行间接经济效益分析，如表 1-10 所示。

表 1-10　20 年管护人工工资(个人投劳)统计

年　度	单价/（元·年⁻¹·亩⁻¹）	小计/元	备　注
幼苗期	1 235.00	92 625.00	含建园人工费
4～20 年	1 860.00	744 000.00	含每年的施肥、除草、施药、修剪、采收等一切费用
合　计		836 625.00	
平均每年投劳工资		41 831.25	

一个椒农建 25 亩椒园，如果全部由自己投劳进行管理，每年可节约生产成本41 831.25 元。

二、九叶青花椒的产业链效益

我们以 10 万亩花椒产业基地建成后全部原材料投入加工为例来进行分析，如表 1-11所示。

表 1-11　"10 万亩有机花椒基地"粗、深加工厂利润统计

类别	原材料/吨	占总产量百分比/%	成品量/吨	利润/万元
保鲜花椒	66 250	2.99	66 000	6 956.25
干花椒	1 000 000	45.12	200 000	105 000
花椒精油	900 000	40.61	45 000	94 500
花椒素	150 000	6.77	15 000	15 750
花椒素粉	100 000	4.51	16 000	10 500
合　计	2 216 250	100	342 000	232 706.25

10 万亩有机花椒基地可让农民参加从业工作获得劳动工资总额 382 100 万元，可满足月薪 1 000 元的 10 614 名农民工长期从事本项产业生产;利用加工厂可实现利润 232 706.25万元。

三、九叶青花椒的生态效益

至 1986 年我国把花椒列为生态树种以来,其在随后我国实施的大规模生态环境治理过程中表现出良好的生态效益。在长江中上游地区实施的三峡库区保水土流失项目、石漠化治理项目中都表现出优越的特性和效果。

经植物园林学专家研究分析表明,花椒对改善农业小气候环境影响明显。据报道植株高 2 米以上的椒树,平均可降低风速 26.8%,降低环境空气温度 0.92 摄氏度,降低地表温度 0.53 摄氏度,增加空气湿度 4.6%,减少蒸发量 23.6%,提高土壤水分含量 16.8%。

花椒种植,既减少水土流失,改良土壤结构,又美化了村庄,产生高效的经济效益。我国农村劳动力资源在改革开放过程中已经出现明显变化,大批青壮年农民外出务工,留守农村的大多是老人、妇女及儿童,花椒产业在实施生产管理过程中劳动强度不大,符合现在我国广大农村实情,可大力发展。

第五节　九叶青花椒的生产环境条件

任何一种物种都具有自己独特的生存环境条件要求和最适生产环境条件要求,前者为自然法则,后者是在自然法则的前提下以发挥其最佳生产状态为目的提出的对最适生产环境的要求,二者存在严格的区别。在生产中关心和研究九叶青花椒的生存环境并不重要,而研究九叶青花椒的最适生产环境条件对我们创设生产环境、强化生产管理、提高生产效益均具有指导作用。

1. 花椒属喜温不耐寒树种

花椒在年平均气温 8 ~ 16 摄氏度的区域均可栽培,但 12 ~ 15 摄氏度的区域栽培较好,在年平均气温低于 10 摄氏度的区域栽培,常有冻害发生。一年生花椒苗在 – 18 摄氏度以下枝条会受冻害,成年花椒树可抗零下 25 摄氏度的低温。

当春季气温回升变暖,日平均气温稳定在 6 摄氏度以上时,芽开始萌动,10 摄氏度左右萌芽抽梢。花期适宜的平均气温为 16 ~ 18 摄氏度,果实发育适宜的平均气温为 20 ~ 25 摄氏度,春季气温高低对花椒当年产量影响最大,因此,春季若发生"倒春寒",易造成花器受冻,当年减产。要防止花椒受冻,提高花椒早期生长温度。

2. 花椒属强阳性树种

光照条件直接影响花椒树体的生长发育和果实的产量与品质。花椒生长一般要求年日照时数不得少于 1380 小时,生长期日照时数不少于 1200 小时。在光照充足的条件下,树体生长发育健壮,椒果产量高,品质好;光照不足时,枝条细弱,分枝少,果穗和果粒小,果实着色差。开花期光照良好，坐果率高；如遇阴雨、低温天气易引起大量落花落果。

在同一株树上，树冠外围光照条件好，内膛光照条件差，则外围枝花芽饱满，坐果率高；而内膛枝花芽瘦小，坐果少。若长期内膛光照不足，就会引起内膛小枝枯死，结果部位外移。因此，建园要注意合理密植，保证树冠获得充足的光照。栽培管理要合理整形修剪，保持树冠通风透光，实现树冠内外结果。

3. 花椒属耐旱不耐涝性树种

花椒抗旱性较强，一般在年降水量500毫米以上，且分布比较均匀的条件下，可基本满足花椒的生长发育；在年降水量600毫米以上的地区生长良好，大量结果；在年降水量500毫米以下，且6月份以前降水较少的地区，可在萌芽前和坐果后各灌水1次，就可以保证花椒的正常生长和结果。但是，由于花椒根系是"肉质根"，分布较浅，既难以忍耐严重干旱，又耐水性很差。若花椒遇较干旱的气候，枝叶发生卷曲萎缩，降雨后仍能恢复生长；而土壤含水量过高和排水不良，短期积水和洪水冲刷，都会严重影响花椒的生长与结果，乃至导致植株死亡。因此，花椒不宜栽植在低洼易涝的地方，灌水时应避免树冠下长时间过水，或灌水过量，或积水。

4. 花椒属喜肥好气性树种

花椒属浅根性树种，根系主要分布在距地面60厘米的土层内，根系垂直分布较浅，最深分布在1.5米左右；根系水平分布范围广，水平扩展范围可达15米以上，约为树冠直径的5倍，而须根及吸收根集中分布在树干距树冠投影外缘0.5～1.5倍的范围内。因此，一般土壤厚度80厘米左右即可基本满足花椒的生长结果。土层深厚，则根系强大，地上部生长健壮，椒果产量高，品质好；土层浅薄，根系分布浅，则影响地上部的生长结果，往往形成"小老树"。花椒对土壤适应性较强，沙壤土和中壤土最适宜花椒生长发育，尤其喜欢深厚肥沃的紫色页岩（石骨子）风化土；沙性大的土壤和极黏重的土壤则不利于花椒生长。除极黏重的土壤和粗沙地、沼泽地、盐碱地外，一般的沙土、轻壤土、轻黏壤土均可栽培。土壤肥沃，可以使花椒健壮生长和连年丰产。花椒对土壤酸碱要求不严，在土壤pH 6.5～8.0都能栽植，但以pH 6.8～7.5生长结果最好，即在中性或微酸性土壤中能良好生长。花椒喜钙，在石灰岩山地（山地钙质土壤）上生长特别好。

5. 花椒对立地条件的选择

花椒在山地上栽培，山地地形复杂，地势变化大，气候和土壤条件差异较大，其中在同一地区海拔、坡度和坡向对花椒的生长结果有明显的影响。

同一地区的海拔不同，光、热、水、风等气候条件以及土壤条件也不同。海拔增高，紫外光增多，热量下降，风力增大，花椒生长量和椒果产量呈下降趋势，所以，花椒由于枝叶嫩弱，在开花期、果实膨大期最忌暴风，适宜种植在海拔850米以下地区，山顶、风口、高山阴坡不宜种植。但对于一些特殊地区，光照良好，降雨充足，也能形成良好的效果，比如云贵高原的大部分海拔在1 500～2 000米，也能表现出良好的种植效果。

　　坡度主要影响土壤肥力和水分条件。缓坡和下坡土层深厚，土壤肥力和水分条件较好，花椒的生长发育好；陡坡和上坡土层瘦薄，土壤肥力和水分条件较差，花椒的生长发育也较差。

　　坡向主要影响光照。坡向对花椒生长发育的影响较坡度明显。一般阳坡较阴坡光照时间长，光照充足，温度高，所以，花椒种植在阳坡或半阳坡上生长结实明显好于阴坡。但在干旱或半干旱地区，由于水分条件的制约，阴坡对花椒生长结果的影响表现为略好于阳坡。

　　具体生产中，在九叶青花椒基地建设前应当充分研究九叶青花椒的生物学特性和物候期特点，研究建设基地所在地区的气候环境条件、立地条件、小气候环境特征与九叶青花椒的生产环境条件间存在的异同，找到其在生产中的优势条件和劣势条件，进行全面分析，得出准确结论，用以指导基地建设工作的开展与后期管理工作的进行。

第二章
九叶青花椒的育苗与建园技术

本章通过九叶青花椒的制种要求及播种技术从论述九叶青苗木生产技术规范开始，进而论述九叶青花椒的椒园基地规划、建园施工，到九叶青花椒矮化密植的标准化生产管理技术体系。本部分重点是育苗与建园规范技术的阐述、运用和现代科技手段在花椒管理过程中的作用。

第一节　九叶青花椒的制种与播种技术

在花椒产业生产中，很多人错误地认为凡青花椒类具有九片叶的都可称为九叶青。九叶青作为重庆市江津区培育、提纯、复壮而成的地方品种，是有别于其他具有九片叶的花椒的。青花椒类在生长中出现九片真叶的花椒在云贵高原、金沙江流域、西南地区等热带、亚热带及温带地区广泛存在，但它们无论从植物性状、产品特征都与江津地方培育的"九叶青"存在本质的区别。是否能培育出品种纯正、基因稳定、性状特征表现充分的优良种苗，与种源地的选择、种椒树的选择、种子采收、培育技术、培育地气候环境等均有直接的联系。

一、九叶青花椒的制种过程

九叶青花椒是雌雄同株的物种，在生产中以种子播种育苗为主，种源地、种椒树、种子质量直接关系到培育而成的种苗的质量、种植后的生长性状表现及产品品质。

（一）种源地的选择

种源地是指选择采种的地方或者区域。在培育九叶青花椒种苗的生产过程中，按我国种子生产经营的规范要求，要具有明确的种源采摘地，建立种子标签、种子质量合格证书、种子检疫证书。九叶青花椒种源地应选择重庆市江津区本土培育、本土种植的九叶青种植基地或种植园最佳，或选择江津本土培育的种苗异地种植具有江津小气候环境特征的种植基地或种植园也可，但切不可选择异地培育、异地种植且与江津小气候环境特征差异较大地区的种植基地或种植园，更不可选择异地种源、异地培育、异地种植且与江津小气候环境特征差异较大地区的种植基地或种植园。简单而言，必须选择母本树体是江津本土培育、复壮、提纯的种苗种植建园，且具有类似于江津小气候环境特征地区的基地或椒园作为种源地。

当然，并不是选择出的种源地区域里所有地块都是理想的种源地，因为在选择的种源区各土块的立地条件不一，特别是土壤结构和土壤成分的不同直接关系着选择种子的质量，影响种子出芽率或者种苗质量。我们应当选择种源区域内土壤肥沃、深厚，光照充足的南坡面的椒园地作为种源地。

（二）种椒树的选择

为培育优良的能传承江津"九叶青"优良性状的九叶青花椒种苗，我们在选择种椒树时必须要结合生产考虑以下问题。

（1）精准的种椒树品种，确保培育的种苗纯度。江津地方培育（引种）的九叶青目前以三种类别出现在江津产业基地。一种为叶长而略圆，气囊突起丰富，叶径刺明显，叶味清香悠长，丰产性能表现最理想，江津椒园基地大部分椒农称之为"圆叶九叶青"或"团叶九叶青"，是江津花椒基地及椒区百姓最为喜爱种植的品种，是实现丰产的首选品种。第二种为叶细长柳秀，植株生理生长明显，植株生长旺盛，气囊突起，叶径刺略比团叶九叶青少，叶味以麻香为主，但生产性能不及第一类品种，椒区百姓称之为"柳叶九叶青"。此类品种因其丰产性及品质特点不及第一类，在生产中已经被老百姓逐渐淘汰。第三种为叶宽而长，丰产性能表现十分优越，但其衰退期早，最初选择以性状优越的云南小青花椒为砧木，地方表现最为突出的团叶九叶青为接穗嫁接培育开始，选择种植的壮年期挂果树为种椒树，果实成熟后采收为种，通过播种、育苗，反复提纯、培育、复壮而成。本类品种在江津本土是椒农根据花椒特性进行自然培育而形成，椒区百姓称为"二歪花椒"，但由于其早衰现象严重，现已经不再是地方椒农选择的品种。

因此，目前我们在江津选择"九叶青"种椒树多选择丰产性能表现最好的团叶（圆叶）九叶青品种留作种用。

（2）选择适龄的椒树确保基因型稳定：通常我们在选择留种椒树树龄时，为了确保种子基因稳定性，常选择丰产性能表现良好、树龄8～15年壮年期椒树为种椒树。

（三）种椒的采收与种子加工

1. 种椒采收

在种椒树生长至每年的白露节左右，通常花椒的色泽变为绛紫色或深褐色或红色时，种胚基本形成，种子基本成熟，方可对留的种椒进行采摘。九叶青花椒在重庆江津地区或重庆大部分地区均以白露为界，椒农们都在白露后开展采种椒工作，其他地区可根据其物候期特点及九叶青在当地情况的表现选择适当的种椒采摘时间。采收时，需采用单株、单枝、单穗选育的方法，把树中部果穗较大、籽粒饱满、色泽油润、清香四溢、麻味醇正的花椒选为种子。

2. 种子加工

采摘的种椒加工成种子的过程称为种子加工。采收后，在通风、干燥的室内或棚内阴干，近年来也有部分苗木场选择使用烘干法进行烘干，原则上在烘干的过程中温度最好控制在38

摄氏度以内，让种子从果皮中自然爆裂脱落，用筛选机除去杂物便得到净种。一经选用的种子，千万不可暴晒，更不可高温烘烤，否则，种子发芽能力会降低。选种后除杂的种皮（花椒壳）可食用，宜作火锅调料。

（四）种子处理及贮藏

花椒种子壳硬质坚，表面有蜡质保护层，不易透水，自然发芽比较困难，发芽不整齐，因此，首先需要进行脱脂处理和贮藏，这是解决花椒种子发芽比较困难、发芽不整齐的关键步骤。具体的处理技术将在下一小节做详细的叙述。

采收的种子如不及时播种则需要贮藏，最简易的办法是将种子摊在通风阴凉干燥的室内，也可经过包装贮藏在花椒保鲜冷藏库中。原则上不能让贮藏的种子发热，既要维持种子胚芽的活性，又要保证种子的新鲜。

二、九叶青花椒的播种过程

九叶青花椒通常选择秋季播种育苗，在特殊生产要求情况下也可春季育苗。

（一）播种种子处理

播种时间不同，其种子的处理方式也不同，但其原则均以破除种子表面蜡质层结构，促进种胚萌动，提高发芽率为原则。

1. 播种前种子处理

将新采收的鲜种放于流水中自然浸泡几天再搓去蜡质或者用碱水（1 公斤种子用碱 2.5 克，加水量以淹没种子为度）浸泡 2 天；或者用 2%～2.5%的碱水溶液或洗衣粉水，加水量以淹没种子为度，浸泡 10～24 小时；搓洗种子油脂至种子色泽变暗、表面粗糙，捞出后用清水多次冲洗至清洁，待水沥干即可播种。也可以把种子直接贮藏到湿度适中（抓到手中能捏出水，扔落地上能散成几块）的湿沙中并盖上湿麻布保湿保存 15 天左右，等到天气适合育苗播种时，用面筛或筲箕淘去沙，同时轻轻搓去表面蜡质，拌入适量干沙带沙播种，这时，可能有少数种子开始出芽。

2. 春播种子的处理

如果采用春播应对种子进行贮藏，建议采用牛粪混合贮藏法，将已除去杂质的种子拌入新鲜牛粪中，种子与牛粪的比例为 1 : 6，加入少量草木灰，拌和均匀，捏成拳头大小的种团存放在背阴、通风、干燥的地方或墙壁上，种子经过一个冬季后种皮油脂自然除去，到第二年"春分"时取下打碎即可播种。

总之，根据椒农多年实践，花椒以秋播为好，同时，要使花椒种子发芽好，必须做到以下两点：① 种子一定要成熟且无病虫；② 种子一定要进行脱脂处理。

（二）播种育苗

1. 苗圃地选择

花椒苗圃应选择背风向阳，土层深厚、肥沃、排水良好的沙壤土或壤土，用上等土育苗最好，不宜选用涝洼碱地、黄泥土、黏土、纯沙土，也不宜长期使用同一块地育苗；否则，育出的苗易长虫生病，影响成活率。

2. 苗圃整理

苗床要深挖、欠细、整平、消毒杀虫。消毒用草木灰深翻拌土较好；也可用 40% 福尔马林 50~100 倍液于播种前 3 周用喷雾器均匀喷洒在苗床上，用塑料薄膜密闭 5 天，然后除去薄膜 2 周，待药性挥发后播种，有利杀死病虫及卵；或用杀毒矾进行土壤消毒；施足底肥选择亩施腐熟农家肥 2000 公斤、过磷酸钙 30 公斤、草木灰 50 公斤作为苗床底肥；苗床厢长 5~10 米、厢宽 1.2 米，沟深 0.2 米、宽 0.2 米。具体操作如下：① 提前 20 天左右翻挖坑土并浇上农家肥；② 半个月后欠细、消毒、杀虫、整平，也可在锄细前先撒些草木灰；③ 在播种时先用木条把表层土刮平、刨新鲜，再播种。

3. 播　种

亩用种一般 70~120 公斤。将处理后的种子用温水浸泡 2~3 天，便有少数种皮开裂，即用清水淘洗滤干存放温暖处，盖上湿布或鲜植物叶催芽，1~2 天后有白芽突破种皮即可播种；经脱脂处理的种子也可不催芽直接播种；用沙藏的种子不再催芽。播种后要覆盖细沙泥至基本不见种子，再盖上稻壳，稻壳具有保湿、调节温度两个功能。待椒苗基本出土，进行幼苗管理。秋播椒苗为安全过冬，宜制作薄膜温床，待椒苗长出 3 厘米左右视天气揭膜炼苗。苗期有底肥，不再另外施肥。

第二节　九叶青花椒种苗的培育

九叶青花椒种苗的培育在生产中有假植苗、营养杯（袋）苗和嫁接苗等生产方式。通常以营养杯（袋）苗和假植苗为主体生产模式。

一、假植苗的生产

假植苗是指传统意义的裸根苗的生产方式。开春幼苗长至 6~8 厘米，检查椒苗是否有虫，若有，则应先治好后再进行匀苗假植。株行距一般以 0.1 米 × 0.1 米（3 寸 × 3 寸）为宜，每亩可假植 55 000~70 000 株。过密影响幼苗生长，不能出壮苗，易生病长虫；过稀占地多，经济效益不高。自用苗可扩大株行距，培育特等壮苗。移植时最好苗床先进行深翻，施放充足的底肥，宜选择农家肥和过磷酸钙撒施在深翻后的地里，然后进行起畦制作苗床，原则上根据实际情况苗床宽度 1~1.40 米，相邻苗床间保留宽度 30~40 厘米的行间沟用作进行苗床管理时的通行道，原则上苗床畦面距行间沟底的高度以苗木地的平整度和地块大小来确定，越平越大地下水位越高的苗木地越高，反之越低。苗床畦面耙细耙平整后可选择 80% 多菌灵或代森锰锌 1200 倍液雾喷畦面，待 3 ~ 5 天后可以移苗假植。假植时原则上方便管理和起苗实行顺畦假植，其方法为顺苗床的纵向方成行假植，假植时的深度不宜过深，以盖土深度略高于原苗木地上部分与地下部分分界线 0.3 ~ 0.5 厘米为宜，过深易引发根腐病、颈腐病、立枯病等病害，带来损失；过浅苗木易倒伏，影响苗木后期管理与生长。

二、营养杯（袋）苗的培育

营养杯（袋）苗的播种技术与直生苗的育苗播种方法一样，所不同的只是在进行假植时方法不一致，因此在此只介绍营养杯（袋）苗的上杯技术和上杯后的管理技术。

（一）营养杯苗育苗地的选择

营养杯（袋）苗育苗场的选择应当靠近播种场地附近，以做到随起苗，随上杯，以保证上杯后苗木的成活率。宜选择交通便捷、向阳、背风、土壤肥力强、土壤通透性好、排水性能佳的平整土块作为营养杯（袋）苗育苗地。

（二）上杯育苗的方法

严格地说，营养杯（袋）苗育苗的苗床和营养土的准备是分步实施的，但在实际生产中为降低成本，往往采用苗床与营养土的准备同步进行。

1. 营养土准备

将选出的营养杯苗育苗地进行全地除草剂除草两次，深翻（保留较大的土块）进行坑土，通常在每年的 11 月份进行。于次年 2 月下旬再次除草，保证地块内无杂草萌生，1 周后放入基肥（常选用有机肥或农家肥料，按每亩用有机肥 150 ~ 200 公斤，农家肥 2 000 公斤），再用旋耕机进行打土至碎（保留表层土粒直径不大于 0.4 厘米为宜），再在其表层分散加入页岩沙质土（约占营养土的 1/3）和毒矾进行消毒处理，经混合后盖地膜保温待用。

2. 营养土装杯

1 周后开始进行营养土装杯，宜选择 10 厘米 × 10 厘米、10 厘米 × 128 厘米的营养杯或 12 厘米 × 14 厘米、13 厘米 × 15 厘米的无防腐剂无纺布袋，根据苗木质量需要也可选择一些大规格的营养杯或营养袋培育大规格的苗木，所带来的是育苗成本、管理成本、起苗成本、苗运输成本成倍增加。营养土装杯时，首先对整块地做好规划，原则上按 120 ~ 150 厘米做好苗床工作，保持苗床宽 80 ~ 110 厘米，床间通道 40 厘米。装杯时将床上表层营养土由装杯开始处向后转移，经转动后的地方再将预留的床间通道的土壤挖来填入苗床上，使苗床中间高两侧低切面略隆起，床间通道形成较深的排水沟。沟的深度与选择的苗木地自身的特点相关，原则上平地、大块地深度深，反之则浅，以利排水防涝。其切面示意图如图 2-1 所示。

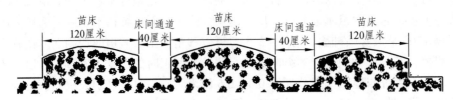

图 2-1　苗床切面

然后取营养土进行装杯（用装杯铲较快捷），边装边将装好的杯整齐放在苗床上，做完一段后及时在通道中挖出土来在苗床两侧进行保土，并用地膜将做好的营养杯覆盖好。逐渐向后推移做苗床，做通道，一次性完成苗床、通道、装杯、盖膜工作。

3. 苗木上杯

选择无风阴天在苗圃地中起地径在 0.1 厘米以上，高度在 6~8 厘米的健壮标准苗，通常按 100 株或 200 株分束，起苗后及时运到营养杯（袋）苗育苗地及时上杯。上杯方法是选用制作的强硬小竹片（图 2-2）进行操作，将苗木主根末梢置于营养杯中央，将小竹片下端卡住苗木主根基部，然后向营养土中垂直插入，另一手扶着苗木插入杯（袋）中的深度比苗自身的地上部分与地下部分分界线略深 0.3~0.5 厘米时，扶苗的手压住苗入土处轻轻压实杯（袋）土就完成了上杯过程。待一个苗床全部完成后，及时浇上定根水，待叶片上水干后可选择杀菌剂和生根剂混合雾喷后装好小拱膜骨架，再覆盖好天膜。

图 2-2　自制的上苗工具

（三）苗期管理

上杯后要时刻注意苗床温度，随时间的推移，天气日渐暖和，苗床温度逐渐增高，原则上 1 周后在晴朗的天气条件下，应当揭开天膜的两头，让其通风，使苗床中的苗木适应气候变化，以后可逐渐揭开天膜（注意天气变化，当气温突然降低，应当及时将天膜全部盖上），当苗木完全适应外界气候变化时，可取去天膜，让苗木在自然条件下生长，为以后起苗移植起到适应性能力的培养训练。

取开天膜的苗木，容易遭受虫害，此时特别注意苗床中的虫害诊断，及时做好防治工作。如发现苗木叶片变黄，应当及时查明原因，可能是水涝或营养不足造成的。前者要及时做好排涝工作，进一步挖深通道（排水沟）；后者可少量施入有机肥或使用磷酸二氢钾和尿素进行叶面施肥。

待苗高长至 12~13 厘米（带杯高度 15~20 厘米）时，已经达到营养杯苗的质量标准要求，可起苗运输定植。

三、普通嫁接苗的培育

花椒嫁接培育是进行花椒品种改良工作过程中，培育花椒新品种、新种苗的主要方法之一，但在生产中意义不大，除特殊要求外不做嫁接苗木的生产。

（一）花椒嫁接的概念

通过嫁接技术将花椒优良品种的枝或芽接到另一植株的枝、干或根上，愈合长成一新的花椒植株称为花椒嫁接苗。用作嫁接的花椒枝或芽称为接穗或接芽，承受接穗或接芽的植株称为砧木。

（二）花椒嫁接的优点

（1）保持花椒的优良性状；

（2）使花椒提早结果，早期丰产；

（3）利用砧木的抗逆性，增强花椒品种的抗逆性和适应性；

（4）将劣种低产花椒园通过高接换成良种，花椒新品种通过高接进行遗传性鉴定，加速花椒品种选育的进程。

（三）花椒嫁接的原理

花椒嫁接时将砧木和花椒接穗的形成层对准，使两个削面紧贴在一起，砧木和接穗的形成层薄壁细胞进行分裂，形成愈伤组织，进一步分化出输导系统，沟通砧木和接穗的水分和养分运输，形成一个新的花椒植株。

（四）影响花椒嫁接成活的主要因素

1. 砧木和接穗的亲和力

砧木和接穗的亲缘关系越近，亲和力越强；反之越低。

2. 外界环境

温度和水分是影响嫁接成活的重要条件。因为形成层要在一定的温度下才能进行细胞分裂，形成愈伤组织。接穗在贮藏或运输过程中，注意不要过干或过湿。苗圃要及时排水和灌水。适宜的环境，是保证嫁接成活的重要因素。

3. 嫁接技术及管理

嫁接技术的"四要素"：嫁接刀要快，砧穗要削平，形成层要对准，嫁接口要捆紧。嫁接包扎的薄膜不能过早解除，否则，影响成活。

（五）砧木的作用

砧木对花椒的生长、结果、寿命、适应性和抗逆性都有明显的影响。

1. 对接穗生长的影响

乔化砧树体高大，矮化砧树体矮小。密植栽培宜选择矮化砧。

2. 对接穗结果的影响

砧木对接穗结果的影响，主要表现在投产早迟，产量高低，果实成熟期，果实的形状、大小、色泽、品质和耐贮运性等方面。矮化砧比乔化砧结果早，是目前早结丰产采用的主要砧木。

3. 对品种抗逆性和适应性的影响

选择抗逆性和适应性强的品种作为砧木，可提高嫁接后形成的植株的抗逆性和适应性。

4. 中间砧的利用

由两个不同的砧木和接穗嫁接而成的一个新植株，称为二重砧嫁接。即砧木由两种不同的砧木组成，在最下部带根的部分，叫基砧或根砧，嫁接在栽培品种和根砧之间的一段枝条叫中间砧。如利用矮化砧枝条作为中间砧，能使树体矮化，早结丰产；同时又可利用根系发达的普通砧木作为基砧，提高对当地环境条件的适应能力。

（六）花椒嫁接砧木的选择

花椒嫁接的目的是提高花椒的品质，减轻病虫害，延长花椒寿命，所以，嫁接花椒的砧木应选用一年生柳叶野生椒（又称狗屎椒）、水椒，或木质根的其他花椒。

（七）花椒的嫁接方法

与柑橘嫁接方法类似，在下一小节中再做详细叙述。秋季用小芽腹接，选春季发出的枝，削去刺，留两枚叶片，一株接 2 ~ 3 芽。春季可进行枝接。因花椒树树皮薄，嫁接时要特别注意形成层的对接，注意叶片用塑料薄膜包好。嫁接时若在芽接伤口涂抹吲哚乙酸生物调节剂，可促进伤口愈合。还可用高级植物营养素或赤霉素促进萌芽。嫁接后的优质花椒坐果率很高，抗贫瘠能力更强，不易生病长虫，更有利于品种的提纯复壮。

四、容器嫁接苗的培育

（一）砧木的准备

九叶青嫁接苗通常选用野椒作为砧木。其播种技术与直生苗播种技术相同，经假植后再进行嫁接。

（二）嫁接技术

嫁接分为两种方式：枝接和芽接。

1. 枝　接

枝接是利用植物的枝条作接穗的嫁接方法，枝接一般在春季树液开始流动、皮层尚未剥离时，或在砧木皮层剥离但接穗尚未萌动时进行，因此通常选择在3月上旬前进行。常用的嫁接技术有切接、劈接、插皮接、舌接等，现就切接、插皮接和舌接介绍如下。

（1）切接

① 适用：切接适用于根颈1~2厘米粗的砧木做地面嫁接。

② 接穗削取：将接穗截成长5~8厘米，带有3~4个芽为宜，把接穗削成两个削面，一长一短，长斜面长2~3厘米，在其背面削成长不足1厘米的小斜面，使接穗下面成扁楔形。

③ 砧木处理：在离地4~6厘米处剪断砧木。选砧木皮厚光滑纹理顺的一侧，用刀在断面皮层内略带木质部的地方垂直切下，深度略短于接穗的长斜面，宽度与接穗直径相等。

④ 接合：把接穗大削面向里，插入砧木切口，务必使接穗与砧木形成层对准靠齐，如果不能两边都对齐，对齐一边亦可。

⑤ 绑缚：用麻皮或塑料条等扎紧，外涂封蜡，并由下而上覆上湿润松土，高出接穗3~4厘米，勿重压。

（2）插皮接

① 适用：插皮接是枝接中常用的一种方法，多用于高接换头，该法操作简便、迅速。此法必须在砧木芽萌动、离皮的情况下才能用。

② 接穗削取：把接穗削成3~5厘米的长削面，如果接穗粗，削面应长些，在长削面的背面削成1厘米左右的小削面，使下端削尖，形成一个楔形。接穗留2~3个芽，顶芽要留在大削面对面，接穗削剩的厚度一般在0.3~0.5厘米，具体应根据接穗的粗细及树种而定。

③ 砧木处理：凡砧木直径在5厘米以上者都可以进行插皮接，在砧木上选择适宜高度，选择较平滑的部位锯断或剪断，断面要与枝干垂直，截口要用刀削平，以利愈合。

④ 接合：在削平的砧木口上选一光滑而弧度大的部位，通过皮层划一个比接穗削面稍短一点的纵切口，深达木质部，将树皮用刀向切口两边轻轻挑起，把接穗对准皮层接口中间，长削面对着木质部，在砧木的木质部与皮层之间插入并留白0.5厘米，然后绑缚。

（3）舌接

① 适用性：这种嫁接很适合接穗和砧木的直径都很小(直径在6~12毫米)，且粗度相当的情况下采用。这种方法砧穗形成层接触面相当大，愈合快，有利于成活。

② 接穗削取：在接穗基部芽下面的节间部位削一个长2.5厘米左右的长削面。削面要求光滑平整，再在削面距顶端1/3处，垂直切一纵切口，长约1厘米，这样形成一个舌形口向下的接穗。

③ 砧木处理：方法同接穗削取。

④ 接合：将接穗与砧木的舌形口对接，形成层对齐，不能两边对齐时也要对齐一边，最大限度使形成层接触。

⑤ 绑缚：用塑料条将接口安全地扎好。

作为容器嫁接苗的嫁接通常选用舌接，少部分使用切接，一般不用插皮接。

2. 芽 接

提前做好苗木芽接准备工作，一旦时机成熟立即动手。嫁接过早，砧木、接穗木质化程度低，嫁接成活率低；嫁接过迟，温度低，伤口愈合慢，成活率差，6月份是嫁接的关键时期，切勿错过。

（1）砧木苗的管理：3—5月份，遇雨立即追肥尿素，每亩追施30公斤，加快苗木生长，特别是苗木加粗，越粗嫁接成活率越高。砧木苗不要太高，要粗壮充实，为了加粗生长，可以采取多次摘心，促使砧木健壮，以利提高嫁接成活率。

（2）接穗选择：接穗选择很关键，直接关系着苗木质量，品种选择一定要选正确，选择市场前景好的优良品种。接穗要充实健壮，芽体饱满。

（3）芽接的方法：芽接应用最广，接穗利用经济，容易愈合，接合牢固，操作简单，效率高，嫁接的时间长，便于补接等优点。芽接的方法有：

① "T"字形芽接法，也叫"T"字芽接法。

适合6月份嫁接，一般要求芽片长2厘米、宽1.5厘米，接穗从健壮充实1年生新梢上选取芽体饱满的芽中选取。芽片取下后，在砧木距离地面3～5厘米处选阳面光滑无疤部位，切一"T"字形切口（下刀时不可太用力，以防损伤木质部），然后用刀把"T"字形切口处稍拨开，放入芽片，使芽口上边与切口对齐。最后用1～1.2厘米宽塑料薄膜扎带由下而上一圈压一圈把伤口包严扎紧，接芽处用单层膜包扎，包扎宽度以上下各超过接口1.5厘米为宜。接芽应全包不外露，以防雨水浸入导致流胶，影响成活。

② 一点一横法

先在砧木苗上横刻1厘米左右的切口，再用刀尖于横刀口中央向下切一小口，如一个小点，同时将小口两边的皮层轻轻拨开；第二步是削芽片，方法与"T"字形接法相同；第三步是从皮口处慢慢向下推芽片；最后绑缚。

③ 带木质芽接法

取芽时倒拿接穗条，在芽上方约1厘米处呈35～40度角向斜下方切长1.5～2厘米，深达木质部；接着在芽下方横切至前一切叉处取下芽片（上方略尖，下方较平）。在砧木距地面约10厘米处，呈35～40度角向下斜切取下，与芽片大小差不多的部分扔掉，将芽片连木质放入砧木切口上，使二者切面形成层对齐，接芽上端露出稍许砧木皮层以利愈合，最后用塑料薄膜条包严扎紧即可。注意芽接处包单层膜。

3. 嫁接时应注意的问题

（1）嫁接时接穗宜随接随采，新鲜的接芽生命力旺盛，形成层细胞分裂速度快，易接活。

（2）嫁接时芽片削取越大成活率越高，原因是较大芽片与砧木接触面较大，形成层更多更紧密接触，利于伤口快速愈合。

（3）嫁接时动作要快，尽量减少伤口面暴露在空气中的时间，削面要光滑平直，绑缚要严密，以免伤口面失水，影响愈合。

（4）空气湿度大，利于接口愈合，故土壤干旱时，嫁接前要灌足水。

（5）环境温度在 20～25 摄氏度时利于接口愈合，故必要时对伤口进行遮阴，避免阳光直射。

（6）芽接一定选晴天进行，且要把芽接在阳面，不要在阴雨天、大风天或早晨露水未干时嫁接，以免降低成活率。

因花椒容器嫁接苗木的生产考虑到生产周期和定植时间，因此通常不选用芽接方法进行育苗。

嫁接后，要及时检查成活情况，解除绑缚物。一般枝接需在 20～30 天后才能看出成活与否。成活后应选方向位置较好，生长健壮的上部一枝延长生长，其余去掉。嫁接之后成为半成苗，经过一定时间培育后可进入装容器的工作而生产出容器嫁接苗。

（三）嫁接后的管理

枝接后当年雨季移植到营养袋中。为使嫁接苗正常生长发育，还需进行一系列的管理措施。在 3—5 月追肥 1～2 次，可追尿素每亩 10～15 公斤兑水淋施提苗，也可在距原苗 6.7 厘米（2 寸）远的地方进行挖沟埋入土中，追肥后及时灌水，还可用 0.3%～0.5%尿素溶液进行叶面喷施。

1. 装袋上苗

可选择在 5 月进行，根据嫁接后苗木的长势来定。

2. 准备遮阳大棚

因嫁接苗要度过一个夏天，因此要选择使用遮阳大棚来防止夏季的旱情，可选用遮阳网搭建大棚，大棚内将地面按照 120 厘米的宽度确定好每个苗床，苗床间留出 40 厘米的空位为管理时进出的通道，略低于苗床，以利排水。

3. 营养土配制与装袋

可按菜园地土、腐生质土、沙质土质量之比为 3∶2∶1 的比例进行配制，加入毒矾进行消毒处理后按每 100 公斤营养土加入有机肥 2～3 公斤，农家肥 10～15 公斤拌匀后将营养土装袋。装袋时注意不可装得太满，略低于袋口 5～8 厘米。装好后依次放入遮阳大棚的苗床上。

4. 起苗上袋

在嫁接苗木地选择符合质量标准的苗木地块，于起苗前一天傍晚浇透水，让其土壤完全湿透，于第二日早上开始起苗，可选用起苗工具挖取 5～7 厘米的泥团，切不可使用手拔（会伤掉嫁接苗的大量营养根）。起苗后以最快的速度运输到准备好的遮阳大棚内，将嫁接苗及时移植到营养袋中，并及时浇好定根水。

5. 苗木管理

上苗后，半个月内可以不考虑施肥，半个月后可施稀薄的农家肥，按半个月进行一次，此时花椒苗木长势非常快，注意根据其长势于 8 月份定好主干，若形成了侧枝，则可保留 3 ~ 4 个一级侧枝，其余的抹除，以保证一级侧枝的粗壮。平时要加强病虫害防治工作，杜绝一切虫害和病害。于天气转凉时揭去遮阳，进入 10 月份可进行起苗定植。

在生产中也有部分苗木生产基地选择首先将基础砧或者根砧木苗装入容器中供其生长，达到嫁接要求秆径时进行嫁接。其优点是便于生产过程能降低一定的生产成本，也可方便地选择多次中间砧的嫁接。其缺点一是苗在容器中生长时间过长，营养基质消耗过早，难以满足后期嫁接后苗木的生长需要，需要多次补肥方可达到理想效果；二是批嫁接苗木存在一定比例的未成活现象，占用了相应的容器和砧木苗，造成一定的损失而达不到嫁接成活后移入容器中实现统一管理的效果。

五、组培脱毒苗的生产

脱毒苗是指不含有病毒的苗木，组培脱毒苗则是指通过组织培养获得的植株不含任何病毒的苗木。美国在 20 世纪中期通过组织培养获得芹菜苗，成功打破利用种子繁殖的传统方法，我国在 21 世纪初在生菜、番茄及部分果品中广泛运用组织培养苗。近年来因生产需要，组织培养苗工厂化生产得到快速发展，组培脱毒苗生产技术已经广泛用于果蔬、花卉等苗木生产领域。

（一）组织培养的原理

植物组织培养的原理是细胞全能性，也就是说每个植物细胞里都含有一整套遗传物质，只不过在特定条件下不会表达。

组织培养基于此原理，可以将已处于分化终端或正在分化的植物组织脱分化，诱导形成愈伤组织，再在愈伤组织上形成新的丛生芽。

（二）培养过程

（1）愈伤组织的培养条件：必须无菌操作。

（2）材料：刚生长不久，具有高度分裂能力的茎尖、芽尖，感染病毒的机会很小。

（3）植物细胞全能性，确保组织能培养成植株。

（4）在无菌操作室中完成接种工作，然后放于培养室光照日光灯照射，温度 30 摄氏度中培养。所以说完成操作后，在培养室中培养时就需要光照条件了。

通过组织培养可以做到快速繁殖。1 年中从一个芽得到 103 ~ 106 个芽，达到快速目的。通过组织培养可以进行无病毒植株的培育。病毒是植物的严重病害，病毒病的种类不下 500 种，防治无方，只好拔除病株，因而造成很大经济损失。病毒在植株上的分布是不均一的，老叶、老的组织和器官病毒含量高，幼嫩的未成熟组织和器官病毒含量较低，生长点几乎不含病毒或病毒较少。1952 年法国的 Morel 用生长点培养法获得无病毒植株成功，以后许多国家开展了这方面的工作。

在花椒产业种苗生产过程中，我国还没有工厂化组织培养脱毒苗的生产，丰富成熟的培养技术为花椒产业组培脱毒苗的生产提供了可能，在生产中可通过对理论的掌握情况进行一些实验性生产。

第三节　九叶青花椒规范建园

笔者多年来在重庆市各区县及西南地区进行花椒栽培管理技术的指导，过程中发现：大多数自然生长的老椒林——尚且称为自然林，在进行规划建园时不参照九叶青花椒的生物学特性和物候期特点进行产业论证、科学选址和合理规划，对选择的建园土壤、小气候环境特征、山坡地受自然灾害的影响等没有进行全面科学的考证，种植后才发现花椒长势不好，树体衰老非常快，有的地方种植后还形成老小苗，经过多年后花椒挂果率不理想，甚至不挂果，造成严重的经济损失。这一现象突出表现在一些水土流失治理、大山造林等政策性产业项目中。一个成功的农业生产基地至少应当具备良好的物种产地适应性、科学简单的生产流程、优质高效的产品组成等特征。本节就着眼于建设成功椒园为核心，重点来谈谈九叶青花椒产地论证、椒园规划及建园工作。

一、产地论证

历年来，很多地区农业产业的发展处于一种盲目的模仿阶段，对产业的设计不尊重生物学原理，不重视环境农业的重要意义，因而付出惨重代价。这在现代化农业的发展中是绝对不容出现的，必须尊重科学，依托科技设计规划、设计生产、设计产品，降低产业风险，实现高效农业。在现代化农业生产中，任何一个细微的环节都决定着产业的成功与失败，不容半点的马虎。

产地的小气候环境特征和立地条件对物种的适应性不仅影响植株的生理生长，更大层面上影响品种的丰产性能及产品品质。本小节重点阐述九叶青花椒产地论证的相关知识与手段。

（一）从政府规划谈花椒产业带选择

政府规划是从花椒产业的总体布局来综合考虑产业可持续健康发展，以实现规模经营为目的，做大做强产业为出发点。政府在规划时不能片面追求其种植规模，而应当结合行政区划内的地理环境特征，充分考虑规划区域内的小环境气候特点、地形特点、地质构造、土壤构成及特点、灌溉水情况等因素是否适合在规划区内大面积种植花椒，并论证预判种植后花椒生长发育是否良好，是否能表现出花椒品种的优越性。规划区中适宜种植的区域要大而集中，切不可规划区域占地面积非常大，而适宜种植的地块不多且相对分散，那不利于实现集约化经营管理，不易形成现代农业产业特征的大规模生产模式，给技术跟踪指导、产品质量的稳定性和统一性、产品回收与加工等多方面带来困难。因此政府在进行规划时最好能遵循以下原则：

（1）根据产业定位思想，明确相应产品的各项指标要求。

（2）结合九叶青花椒的生长适应性，对拟规划区的土壤、大气、水源、气候进行全方位的检测、考察、调研、论证。

（3）政府要全面了解拟规划区内的农民对产业发展认识程度，其产业理念是否发生了根本的转变，如不尽人意，可通过政府行为或组织参观考察、培训教育等形式来改变其产业理念。

（4）充分考虑规划区内适宜种植面积的多少，原则上适宜种植面积不能少于规划区总面积的70%。

（5）充分考虑规划区内适宜种植带的延续性，如适宜种植带延续性不强，则难以形成产业生产带。

（6）充分考虑规划区内农民对产业技术的掌握层次。花椒产业是一项技术水平要求极高的产业，一般来说在一个新的地区发展一种新生产业，农民对管理技术是陌生的，这有利于通过组织培训、实地示范等形式让农民直接接受最先进的管理技术，而不受传统管理技术的干扰。

以上原则应当全面考虑论证，进行综合评估，得出科学的结论。如各方面都能满足，则规划区必将是发展花椒产业的一片沃土。确定发展前应当形成相应规划图，明确其规划区产业带的界定，为其产品的相关论证工作提供产地认证依据。

（二）业主园址选择与面积规划

椒园是政府规划花椒产业生产带中最基本的单元，其面积大小与业主或农民自身的经济实力和劳动力的投入相关。政府规划花椒产业生产带只是从总体布局和要求来考虑生产带的区域界定，并非规划区内任何一个山坡、任何一片土地都适宜九叶青花椒的生长，因此应当在相应的规划生产带中有针对性地进行选择性建园工作。在园址选择时应当遵循以下原则：

1. 交通便捷

对小规模的椒园（50亩以下的椒园）至少有主公路靠近椒园地；对中等规模的椒园（50亩以上、200亩以下的椒园）至少有主公路连接进入椒园边缘并以硬化路作为园内通道；对大规模的椒园（200亩以上的椒园）至少有主公路穿越椒园，园中建较宽的硬化路，以便于相关小型农用车辆出入。

2. 环境立地条件

同一区域原则上宜考虑在其他指标完全满足要求之后，以海拔介于150~800米为最好，最大风力不能超过5级，土壤以中性或弱酸性（其pH介于6.5~8.0）、遂宁质沙壤或喀斯特地貌特征的石灰岩土壤最好，无严重超标重金属和药物残留，其水源无特殊化工厂排污，水源清洁卫生。全年温度介于3~38摄氏度，平均温度8~18摄氏度，以平均温度介于13~16摄氏度为最佳。在成果期和膨果期日温差越大，品质表现越好；霜冻期低于85天，以霜冻期低于45天表现最佳；日照时间介于1150~1950小时，日照时间越长，品质表现越好；最好选择南山坡土块，坡度介于5~45度，符合"无公害农产品生产环境要求"和九叶青花椒生物学特性生长要求的地块。

3. 土地的地下水位

对地下水位较高的土地，容易发生胀水现象，土壤的通透性极差，如在这样的地块内种植花椒而不做任何处理，容易造成椒树烂根死亡，因此原则上这样的土块不宜建园。如为了生产的需要，确需使用时，可考虑深挖排水沟，进行正确的土地整治，降低地下水位，实施垄土种植，方可收到良好效果。

4. 充分估算自己的经济实力，确定建园面积

根据业主自己的经济情况，进行资金调配，原则上花椒园建设应当占全部投资的25%，前3年的管理（初果期前）经费占全部投资的60.2%以上，其他不可预见经费应当占10%以上。平均1亩椒园建设费需450～600元（因种植苗木的不同而有变化），前3年的管理成本需2 000～3 100元（因管理水平的不同而不同），不可预见经费需150～300元，因此从建园到初果期，平均每亩所需经费为2 600～4 000元。在全面考虑自己的经济实力时，一定要杜绝经费前松后紧，出现后续经费不足的现象，严重时出现资金链断裂问题，影响产业的发展。只有进行充分全面计划经费的分期投入，方可保证在椒园进入初果期前进行有序生产，为形成丰产椒园打下坚实的基础；否则会由于后续经费不足，后期管理不力，造成椒园无法进行正常管理，直接影响进入初果期后的单产产量甚至加速树体老化，形成自然林而出现经济效益极差或绝收现象，给自己带来严重的经济损失。

5. 充分考虑椒园周边的劳力支援，确定建园面积

首先，应当考虑当地劳动用工工资，以降低生产成本为目的；其次，充分考虑劳力支援是否充足，是否能满足椒园日常生产管理所需。因花椒的夏季修剪与采收工作是同步进行的，它是花椒管理中投入劳工最多、生产成本投入最大的一项工作，且这一项工作相对集中在每年的5月底至6月下旬近1个月的时间内，其工作量大、时间紧，需要大量的劳工投入本项工作。一般就矮化密植园而言，一亩椒园做好夏季修剪与采收工作需投入20～25个工作日才可按标准完成本项工作。一个占地面积1 000亩的椒园按标准完成夏季修剪与采收工作（如以出售鲜花椒计算），至少每天需修剪技工150人，需采收劳工450人，每天工作8个小时，持续工作1个月才可完成。如因气候原因出现长时间下雨，夏季修剪与采收工作时间更加紧迫，还需考虑增加必要的劳工进行本项工作。如在规定的时间内不能完成本项工作，将直接影响当年修剪后枝条的萌生，从而影响来年有效挂果枝的形成（其决定了来年椒园的丰产性）。

随着机械制造业的发展，在花椒管理和采收过程中，一些先进的农具已经广泛运用到产业生产上，比如喷药的无人机、铝带式拖拉雾喷机、大型弥雾机、固定式喷灌系统、电动剪、铝带式拖拉剪枝机、采收机器人等已经在部分花椒产业公司或基地得到一定程度的运用。现代先进的机械工具取代部分劳工和现代智能手段的使用，为花椒产业降低劳动用工密度及劳动用工生产成本带来了全新的方向。

6. 充分考虑销售途径

青花椒有着广阔的市场空间和市场前景，这是不容置疑的，但由于受地方产业特征的影响，在不同的地区、不同的地方出现销售的一时困难是难免的。如果当地的产业规模比较大且生产区域相对集中，可以不考虑销售途径，它必将吸引大量的客商前来进行收购。但必须考虑因气候带来的影响而出现低销售单价问题，可考虑在规模生产时进行临时贮藏（冻库），以保证在气候影响下其单价不受影响。如当地的规模比较小且生产区域相对分散，在建园时对销售途径要做好充分的考虑，因没有形成规模生产的花椒产业带，产量不高，产品量分布分散，较难吸引客商，会给鲜花椒的销售带来最大的困难。因此此时一定要考虑销售途径，建立一个健全的销售网络，让自己成为网络销售中的一份子，这样业主一方面成为花椒的种植业主，另一方面也可成为花椒产业的经纪人，以此来保障销售途径的畅通。

在全面考虑以上几个问题后，结合实地情况，通过综合评估，规划椒园选址和确定建园面积。

二、优质椒苗的准备

俗语说"良种出好苗，好苗长好树，好树结好果"。苗木的好坏来源于种子的好坏，而苗木是用于定植建园的物质基础，苗木品质的好坏直接影响建园后椒树的生长好坏，从而在一定程度上决定椒园的丰产性。因此要选择优质的椒苗作为定植建园苗木，而不同的育苗繁殖技术下生产的苗木品质好坏是有区别的。因此在此对直生苗（裸根苗）、营养杯苗、嫁接容器苗、嫁接苗的品质鉴别做一简单说明。

（一）花椒直生苗（裸根苗）的品质鉴别

花椒直生苗（裸根苗）：是指使用苗床地培育的小苗经过假植后成的不带土球（或起苗时带土团）的花椒苗木，泛指一切不用营养杯、营养袋育成的苗木。

1. 苗　龄

一年生健壮且木质化程度高的苗；不能选用两年生以上的苗木。在苗木生产中常涉及对苗年龄（简称苗龄）的描述，其描述的方法为苗龄：×—×(×为具体的阿拉伯数字)，第一个数字表示其在播种苗床里生长的时间，第二个数字表示在移植苗床地里生长的时间。例如，描述某种苗的苗龄为1—2，则表示第一年在播种苗床地里生长，于次年移植到移植苗床进行培育，已经进入移植苗床的第二个年头，青花椒苗原则上选择苗龄1—1的苗木作为大田移植苗最佳，红花椒苗可使用多年苗龄的苗木进行移植。

2. 外　观

多刺，节密，叶面星多即油泡多，色绿，小叶7~9枚，无病虫害，肉质根，特别要求根新鲜，白色，伤根、断根、坏死根少。因为优质花椒的根是肉质根，野生花椒和其他劣质花椒的根是木质根。

注意：在现有花椒产业发展区，一些苗木生产农户以生产直生苗为主，其在育苗过程中不按照技术要求进行育苗，肥水管理不够，在苗床中已经形成老小苗而在当年不能出售，于是留在苗床中继续培育，就形成了隔生苗。这样的苗木纤细，叶片小而微黄，节间大，木质化程度高，苗木高度较高。这种苗木不能用作定植建园的苗木，如一定要用，其带来的缺点较多：① 不便于种植后一级枝的萌芽成枝，不利于树型培养；② 定植后树体发育缓慢，缓苗期较长；③ 由于苗木苗龄较长，营养消耗殆尽，根系发育不良，成活率不高；④ 初果期滞后，丰产性能较差。

因此原则上不能选择隔生苗进行定植建园的苗木。而应当选择在前一年进行秋播，第二年春季进行假植，10 月份进行起苗的一年生直生苗进行定植。由于直生苗在起苗时伤营养根的情况发生比较严重，且种植的时间一般为每年的 10 月，苗木没有通过生长期就进入了休眠期，其在越冬过程中苗木的新根系没有形成，其抵抗力极差，因此在植后第二年春季会出现大量的死亡现象。因此在生产中不宜选用直生苗木（裸根苗）为花椒定植苗木对象。如果一定要选择，最好起苗时进行带土团移植，以保证成活率。

（二）营养杯（袋）苗的品质鉴别

1. 苗　龄

10 月份进行秋播，来年 2—4 月进行上杯培育，4—6 月出苗的苗木，通常苗年龄仍表示为 1—1，但其实际苗龄从播种至成品苗木出售为 6~8 个月，原则上实际苗龄越短的苗木越好，更利于成活及前期生长发育和侧枝形成，更利于树型的培养。

2. 外　观

多刺，节密，叶面星多即油泡多，叶厚色绿，小叶，苗粗。地径 0.1 厘米以上，带杯（袋）苗高介于 15~25 厘米最佳，最高高度不可超过 30 厘米。

营养杯苗有其独特的优越性，主要表现在以下几个方面：

（1）本苗采取无毒营养土后期育苗，控制苗木期病毒性感染，达到无疫病苗木标准要求。

（2）本苗的种子必须通过选择的种源库进行选种采收，选择树龄在 10~15 年的盛果期九叶青花椒树进行采收，经播前严格消毒处理，严格控制其种的纯度，保证了种的优越属性。

（3）本苗木的播种选择在每年的 10 月播种季节进行，于次年 3 月进行移杯培育，营养土营养充足，到 4 月中旬至 6 月进行起苗定植，苗高符合 12~20 厘米的标准为一级苗标准。确保定植后前期营养供给，使其定植后前期生长良好，便于植后打顶定干造树型。

（4）本苗木更加适应在中低海拔地区生长，其抗旱、抗寒、抗病能力比普通直生苗强，可在海拔 850 米以下地区的 pH 6.5~8.0 的沙壤土中生长良好，以南山坡（坡度低于 45 度）生长优势突出。

（5）本苗木前期分枝快速，定植后 2 个月可形成一级主枝，5 个月可形成二级主枝，8 个月可形成三级主枝并定树型。其先端优势十分明显。

（6）本苗木由于前期生长快，保证了挂果期的提前。定植后管理水平精细，18 个月可进入初果期，每株可年产花椒 0.3~1 公斤。5 年可进入盛果期，每株可年产鲜花椒 6~15 公斤。

（7）本苗木适宜于花椒矮化密植技术的推广和运用。提高了单位面积的种植密度（平地亩植 165 株，坡地亩植 180 株），从而提高了单产产量（约比普通定植提高 1 倍的产量，盛果期可达亩产 1 200 公斤甚至以上）。

（8）本苗木的定植时间为每年 4—6 月的雨季（雨季栽培），其成活率可达 95% 以上，最高大面积种植创下成活率可达99%的记录。定植后当年通过漫长的部分第一生长高峰期和完整的第二生长高峰期，其根系和枝叶群在当年形成十分充分，在当年的越冬期中具有了十分强的抵抗能力。

（三）嫁接容器苗的品质鉴别

1. 苗 龄

10月份进行秋播，于次年3月进行假植，假植成活后6月份立刻进行舌接，舌接成活后进行带土上盆，经过容器培育至10月可进行秋季定植，其苗期1年。

2. 外 观

多刺，节密，叶面星多即油泡多，叶厚色绿，小叶7～9枚，无病虫害，嫁接点牢固，嫁接生长主枝一枝并有3个以上5个以下分枝或萌芽。嫁接点不超过营养土5厘米。主枝直立无倾斜。

嫁接容器苗有其独特的优越性，主要表现在以下几个方面：

（1）苗木使用播种、假植、嫁接、上盆营养土育苗的工艺流程，采用直生苗、营养杯苗、品种改良等技术优势，集中了直生苗、营养杯苗的优越性的同时更加注重品种改良。

（2）苗木砧木选用野椒种子进行培育，其抗病能力和抗寒能力得到了大幅度提高，有效延长了椒树的寿命。

（3）苗木的接穗选择九叶青花椒树龄在10年以上的丰产椒树的枝条，因而保证了品种属性稳定，丰产性能强的特征。

（4）苗木使用嫁接营养土容器方式培育，苗木在培育过程中发育良好，定植时进行全带土定植，成活率可达98%以上，定植后不受气候变化的影响，快速进入正常的生长阶段。

（5）苗木取盛果期丰产椒树的枝条做接穗，一旦嫁接成功进行定植后，能快速进入初果期，原则上第一年进行定植，经过粗心管理，第二年可开花试果，第三年进入初果期。

（6）苗木取野椒做砧木，在延长其寿命的同时有效地延长了椒树的盛果期，其盛果期可达30年以上。

（四）嫁接苗的品质鉴别

其苗龄、外观与嫁接容器苗一致，在生产中一般使用的是一个砧木进行嫁接，而很少选择中间砧进行多重嫁接。而在研究花椒品种改良时却多用本法进行选育繁殖，在此对本苗木就不做多述。

最后向读者介绍一下江津地方品种"九叶青"苗的识别方法，如下：

（1）江津地方品种"九叶青"花椒在苗达40厘米以上高度时新叶具9片羽状叶，叶茎上有暗红或暗紫色茎刺。

（2）江津地方品种"九叶青"花椒苗秆木质化后呈暗褐色，新梢有时也出现淡红色秆茎。

（3）江津地方品种"九叶青"花椒叶正面有丰富而较大的气囊突起，对太阳光透光明显。凡无气囊突起或突起呈点状，对光亮点极小或根本看不到亮点者多为枸椒或金沙江沿岸原生态的具九片叶的品种或其他品种（此品种学术名不明确，仅具九叶特征，严格讲不属九叶青）。

（4）江津地方品种"九叶青"花椒苗秆上的刺为红褐色或淡褐色，凡刺为青色、灰色者多为花椒亚属里刺花椒类的其他品种。

（5）江津地方品种"九叶青"花椒的叶揉后闻，味清香不浓郁。凡味浓而带异味者属其他品系，如构椒、野生狗屎椒，其味具嗅味。

三、定植时间

1. 直生苗（裸根苗）的定植时间

花椒直生苗（裸根苗）定植时间一般在每年 9 月中旬至 11 月中旬，时间安排越早较好，也可以在挖红苕时栽，但要注意修枝剪叶，最好的定植时间是花椒休眠期到来之前约 1 个月。如果在其他季节栽种就要选好苗，最好带土移栽，并且适当修剪枝叶才能提高成活率。

2. 营养杯苗的定植时间

营养杯苗的定植时间原则上选择每年的 3 月中旬至 6 月进行雨季定植，要根据当地气候特征、雨季时期分布来确定定植时间，切不可生搬硬套。原则上避开炎热的夏季和寒冷的冬季（花椒休眠期）均可定植。

3. 嫁接容器苗的定植时间

因嫁接容器苗所带的营养土丰富、营养充足，营养根分布富足，其定植可以在全年的任何一个季节进行。

四、生态建园

生态建园就是要考虑山、水、园、林、路综合治理，生态建园是保持水土最好的方法。建园遵循的原则：统一规划，集中连片，纵横放线，等高开穴，表土回填，规范定植，道路进园，排灌便利。也可以根据地形地貌，因地制宜建园。

五、椒园建设

根据椒园选址的地理位置做好全面规划，并以此作为建园的指导，是椒园建设的第一步工作，本小节不讨论椒园建设的附属设施建设，着重讨论苗木的定植。

（一）准备工作

（1）做好椒园规划工作，针对椒园规划区中的地理环境特征和地形特征，做好详细的规划实施方案，做到心中有数，全面衡量工作重点与困难及应对策略。

（2）根据椒园建设面积、定植时间，确定好劳工定员。

（3）根据椒园建设实施进程安排，联系好苗木供应商的起苗时间与数量。

（4）根据规划椒园地的实际情况，做好清林、整地工作。

（5）根据规划椒园地的实际情况，做好园中道路建设工作。

（二）建园施工

1. 传统种植建园施工

此类种植大多数以直生苗作为定植苗。

（1）顺山拉绳定距开穴

株行距控制的基本原则是：根据地形地貌，以每株花椒树为基本单元，按照经济栽培树型标准要求进行衡量，以满足花椒立地条件与生长和管理空间的最低标准要求为限，灵活掌握、调整以达到最有效利用土地和空间的目的。一般情况下，坡地株行距 1.8 米 ×2.0 米，亩栽约 180 株；平坝地及沃土株行距 2 米 ×2 米，亩栽约 165 株；或株行距 2 米 ×3 米，亩栽约110 株；房前屋后零星栽植也可以按株行距 3 米 ×3 米规格进行。

（2）挖定植堆

在种植点上挖 60 厘米直径的种杆堆，堆高原则上不超 12 厘米。视地块地下水位的高低确定高度，地下水位越高的土堆高度越高，反之则低。

（3）施足底肥

将适量的农家渣肥或有机复合化肥提前 20 天施入窝内并与土拌匀，让底肥充分腐熟。此步骤亦可省略。

（4）正确选择定植苗

必须选择一年生无病健壮苗，若选择两、三年苗要耗用很多肥料追苗或使用生物调节剂使其长好，也对矮化丰产栽培整形带来困难。

（5）科学起苗，重视根系保护

一年生花椒苗根系没有完全木质化，因而应特别注意保护根系，起苗时注意不要伤根。方法是：先用水把苗圃浇透，用锄头倒着挖或用移植铲将苗取出，尽量少伤根或者不伤根，最好带土移栽，切忌用力直接硬拔取苗。取出的苗如果需要长途运输，应用浓泥浆浆根，用稻草或薄膜把根包好，保持根系湿润。

（6）回填表土栽植苗木

无论定植穴是否施用底肥，都必须先回填表土再栽苗。栽苗过程应注意：一是栽苗深度为苗木原根颈略高于或与土表齐平，宜浅不宜深，否则椒树容易侵染颈腐病。二是确保苗木根系按原生长方向向四周伸展，以利根系生长，吸收土壤营养均衡。三是不要用锄头捶打根部，仅需轻轻用力压紧根部泥土。四是再用清水浇足灌透定根水收窝。成活前遇干旱及时补充清水抗旱。五是栽后若有干枝应及时剪除。六是确认苗木真正成活后方能施追肥，开始对苗木进行肥水管理。

2. 矮化密植建园施工

矮化密植技术的利用是九叶青花椒种植技术的更新，主要是根据九叶青花椒的生物学特性和物候期特点，有效控制以后生长中的树冠大小和树型培养为依据，以提高土地资源利用率、有效空间利用率从而提高产量为目的。此种建园方法是在 2003 年后于重庆江津区首先推出，历经数年得到了验证，此技术是形成丰产椒园、降低管理成本最有效的技术。下面对矮化密植技术的运用做全面的讲解。

（1）矮化密植技术的理论依据

① 九叶青花椒挂果枝的形成：九叶青花椒有效挂果枝形成在当年进行夏季修剪后 5—7 月萌生的枝条，通过近半年时间的木质化、营养贮备方可形成来年丰产的有效挂果枝。

② 九叶青花椒枝芽萌生能力强：九叶青花椒树体皮下具有丰富的潜伏芽，在其生长高峰期经夏季修剪刺激后能快速萌生出新的枝芽。因此九叶青花椒具有极强的抗重剪能力。

③ 九叶青花椒的营养运输途径：传统的种植及管理办法是营养通过营养根吸收土壤中的营养成分，通过主干、一级主枝、二级主枝、三级主枝、发育枝、结果母枝最后到达当年形成的挂果枝。其营养运输途径长，营养损耗多，而在其枝组群中发育枝、结果母枝仅是充当了扩大树冠的作用，对有效挂果枝的形成没有任何益处。矮化密植技术的修剪就是缩短发育枝、结果母枝的长度或完全取缔该种枝条，以达到缩短整个营养运输途径，减少营养运输过程中的损耗，以使更多的营养在来年挂果枝上得到丰富的贮备。

④ 九叶青花椒的挂果枝发育特点：花椒的挂果量或单产产量并非通过提高椒树本身的枝条量来实现的，而是通过培养强壮的、营养充足的有效挂果枝来实现的。一株椒树预留的枝条越多，其枝条的发育越差，无法形成有效的挂果枝；相反，选择适量的挂果枝进行重点培养，其营养充足，枝条强壮，挂椒量增大、椒粒饱满。在进行夏季重剪后，5—7 月初发生的枝条快速进入每年花椒枝条的第二生长高峰期，在营养充足的前提下，得到快速生长发育，为来年的丰产打下坚实的基础。

⑤ 矮化密植技术的运用核心：通过夏季重剪控制树冠大小，使树冠长期保持在一定的范围，从而达到矮化效果，实现密植要求，降低管理成本，提高单产产量。

（2）矮化密植技术的实践依据

笔者在矮化密植技术的实验、试种、指导建园过程中发现，矮化密植技术应用具有如下优势：

① 标准的矮化密植园严格遵守种植密度要求，亩植株数比传统种植至少多出 1/3，可提高亩植株数，进一步提高亩产量。

② 标准的矮化密植园严格遵守树型培养要求，每年进行重剪，保持树冠直径 150～180 厘米，使行上两株植株间枝条在行上刚好靠近，有效地利用了椒园空间，同时行间刚好留出 50 厘米的行间通道，利于椒地劳工进出管理。

③ 标准的矮化密植园严格控制每年预留挂果枝的数量，在每年夏季重剪后进行重点培养，形成在数量上每年相对稳定、质量上每年逐步提高的挂果枝，在同等管理水平和同等气候特征下可有效防止花椒大小年的出现，从而保证其产量稳定增长。

④ 标准的矮化密植园的椒树枝轴群由骨架枝（主干、一级主枝、二级主枝、三级主枝构成或主干、一级枝、二级枝构成或主干、一级枝构成）和枝叶群（挂果枝）两部分组成，在现实生产中可选择直接使用一级枝（不培养骨架枝中的二、三级主枝）或二级枝（不培养三级主枝）培养当年挂果枝。没有了传统种植法的树型培养的二级主枝或三级主枝和发

育枝、结果母枝及徒长枝，大大缩短了营养运输途径，提高了肥料利用率，使得营养更利于在挂果枝上积累贮备。树体矮化后，有利于日常管理，有利于夏季修剪和采收，大大降低了管理成本。

⑤ 标准的矮化密植园经过精心树型培养，给后期修剪带来方便，经定型后的树型，每年采收时只需剪去挂果枝，无较高的修剪技术要求，其修剪是普通劳工均可进行的一项工作。

⑥ 标准的矮化密植园经过精心管理，其产量得到大幅度提高，是传统种植法产量的 2 倍以上，一般中等水平的矮化密植园鲜花椒产量在 700～900 公斤，精细管理的矮化密植园鲜花椒产量可达 1 200～1 700 公斤。其单产产值十分可观。笔者指导的江津区吴滩镇现龙村矮化密植园于 2008 年单产产量超过 1 300 公斤，产值超过 16 000 元。同一椒园因受市场单价上涨的影响，于 2015 年单产产值超 30 000 元，其经济效益十分可观。

（3）矮化密植技术的技术运用核心

① 按密植技术要求严格控制定植密度，注意株行距，放线定点时做到严格的横平竖直，让整个椒园的密度保持一致。

② 按矮化技术要求严格进行树型培养，注意主干高度，一级主枝、二级主枝和三级主枝的长度和倾斜角度，确切做到矮化的效果，确保树冠大小的一致性。

③ 按矮化密植技术要求做好每年剪前施肥工作及夏季重剪工作，确保经修剪后椒树能快速生发出新枝。

④ 夏季重剪生发的枝条量较多，应当及时进行疏枝，预留来年挂果枝并在以后的管理中作为重点培养对象。同时，而抹除以后新生的萌枝，以保证培养的挂果枝发育强壮、营养贮备富足、木质化程度高，为来年的丰产打下坚实的物质基础。

（4）矮化密植建园施工

施工时间多选择在上半年的 4 月至 6 月上旬进行雨季建园。也可选择每年 10 月份进行秋季建园。

① 定点放线

根据地块的不同而不同。平地按株行距 200 厘米×200 厘米，坡地按 180 厘米×200 厘米顺山放线定点。

② 挖种植堆：通常在定植前 10 天进行。实际生产中为节约生长成本，使用营养杯苗定植时，可直接在定植处挖直径 60 厘米的小土堆，不需施用基肥，成活后追肥。

③ 椒苗准备：在规划建园时就应当考虑好椒苗的来源和数量，最好选择就近的苗木场，以获得随起随运随栽的效果，以保证较高的成活率。

④ 苗木选择：矮化密植通常选择营养杯苗、容器嫁接苗；原则上不选用直生苗和普通嫁接苗。因此应当按照营养杯苗、容器嫁接苗优质苗木的鉴别标准进行苗木选择。

⑤ 起苗运输：根据定植时间选择并安排起苗，科学的起苗和运输能大大提高成活率。

a. 起苗时间：选择阴天无风的天气进行起苗。

b. 起苗运输：营养杯苗杯体小，苗木高度带杯 15～20 厘米最佳，一次运输量大，但由于育苗时间不长，苗木木质化程度不高，给起苗运苗带来困难。在起苗时应当选择相应的竹框或其他辅助工具进行依次起苗排放（生产中起苗时选用塑料袋打包，能大大降低运输成本，但进行打包时一定要注意起的杯苗在塑料袋中的排放次序，否则在运输过程中易造成大量的折苗，出现运输损耗），然后装车遮棚进行运输。到达目的地后选择平整的地方进行卸车，并将苗木带打包工具一起放到平地进行按序排放（如使用塑料袋打包，到达目的地下车后应当打开塑料袋，将营养杯苗拿出摆放到平地上，防治苗木在塑料袋中出现烧苗现象）。容器嫁接苗杯体大，苗木健壮，砧木时间长达1年，木质化程度高，但嫁接时间一般在5个月，其新生枝木质化程度不高，容易折断，同时容易在嫁接点处脱落。一次运输量不多，起苗时运输车辆原则上开入苗圃地，边起苗边装车，让容器嫁接苗在车厢中由前向后依次分层排放（分层时可以用牢固的其他材料根据苗木高度进行分层），容器嫁接苗排放紧密，防止在运输过程中出现容器翻倒现象，而出现运输损耗。到达目的地后选择平整的地方进行卸车，将容器嫁接苗由车厢的后部开始由后至前进行卸车并排放于平地上。

⑥ 定植椒苗

a.回填表层土覆盖半明穴中已拌基肥的土壤：回填的表层土应当新鲜，回填量根据半明穴的深度定，原则上以覆盖厚度3~5厘米，带杯苗木置于穴中，杯中营养土上表面与穴边沿水平线相平或略高为宜。

b. 撕去苗杯外壳，并放入定植穴中央：无论是营养杯苗还是容器嫁接苗，定植时一定要撕去杯和容器，保证苗木完整的营养土团。放置于定植穴中央时，一定要兼顾同行和同排其他定植穴种植的椒苗位置，做到横平竖直，保持严格的株行距要求。

c. 回填种植土，并轻轻压实营养土团边沿，使营养土团与种植土紧密接触。这次填土不宜过多，以填入种植土总量的 2/3 为宜或以填入的土壤刚好与营养土团的上表面水平为好。填入后人工用手压实营养土团边沿填入的种植土，切不可用锄头或其他工具打压。注意压实后的营养土团上表面始终应当与定植穴边沿水平线保持水平或略高。

d. 再次回填种植土，使填入的种植土略高于定植穴边沿水平线，而略低于营养土团的上表面。回填时一定要选择土质疏松、体积不大的细块土壤回填，椒苗四周均匀回填，使椒苗位于定植穴中央保持直立状态，动作轻柔切不可粗糙不精细，防止回填时大块的土壤压榨椒苗，造成折苗。回填后可在椒苗周围做一个直径15~20厘米的围堰，用作定水窝，根据气候情况，也可不做围堰。

⑦ 栽后管理

植后的管理工作一定要跟进，管理水平的高低直接关系到成活率和植后椒苗生长发育好坏。植后苗期管理主要注意以下几个方面：

a. 植后 24 小时内浇足灌透定根水，保证种植土与营养土团的紧密接触，快速收窝，利于椒苗快速从营养土团中伸出，扩展到种植土中。

b. 成活前如遇天旱而久不下雨，应当注意补充清水抗旱，注意抗旱时间选择在上午 10 点前进行，切不可选择在下午和傍晚。一次性补充清水抗旱的量要充足，以灌透定植穴土壤为度，只可多浇不可少浇，防止少浇后地热上蹿造成椒苗气死。

c. 植后经常巡园，注意椒苗是否出现倒伏现象，若出现应及时进行扶持。

d. 确认椒苗已经完全成活，方可进行肥水管理。确认的方法是用手挖开营养土团的边沿种植土，检查椒苗营养根是否从土团中伸延到种植土中，如已经伸出，则表明椒苗已经完全成活。

　　e. 幼苗的肥管理要注意以少施勤施为原则，原则上成活后每月施肥 2 次，如遇雨天可选用有机肥按每株 25～35 克（0.5～0.7 两）进行定植穴的撒施。撒施的方法是以椒苗为圆心，营养土团内不施，从圆形的营养土团外沿开始向四周扩散，内少外多，以有效防治肥害而又不至于让椒苗吸收不到应有的营养；如遇久晴无雨的情况，可选择稀薄的农家粪，于清晨进行浇施，以施透定植土为原则。按本法施肥每月进行 2 次，一直到定主干分生出一级主枝时终止。

　　f. 容器嫁接苗的萌芽能力十分突出，在成活后，可能在其砧木上也会生发出一些萌枝，在平时的管理过程中要仔细观察，如有发现应当尽快抹除，防止其在生长过程中大量争夺营养。同时嫁接苗的新枝萌发能力特别强，苗期生长特别快，要注意其分枝情况，原则上一旦出现分枝，要充分考虑以后树型培养，有针对性地选择 3～5 个一级枝留为以后一级主枝培养对象，切不可在幼苗期将发生的枝条全部保留，这样在定一级主枝时会发生枝多质差的现象。

　　g. 进行雨季栽培建园的椒园，椒苗一旦成活，其生长快速，先端优势十分明显，枝条鲜嫩，容易出现如蚜虫等虫害，应当时刻关注，及时防治。

　　h. 进行雨季栽培的椒苗，在进入当年夏天时，苗木还十分小，如定植穴不做任何处理，小苗可能在炎热的夏天旱死。因此根据当年当地的气候变化，选择适当的覆盖物进行定植穴覆盖，防止定植穴处的土壤直接暴晒在太阳下，使定植穴中的种植土快速丢失水分而无法满足椒苗生长水分要求。

　　i. 当椒苗进入正常生长状态后，要注意培土抚窝，但抚窝一次性培土不宜过多，要注意分多次完成抚窝工作。不可将椒苗主干覆盖太厚，容易患颈腐病。

　　当苗高长至 35～40 厘米后开始进行定干，进入树型培养，在此不做介绍，将在下一章做详细的讲解。

第三章
九叶青花椒管理技术

农作物种植俗语常说"三分种，七分管"，但对于花椒的生产管理，笔者要说"一分种，七分管，两分还看老天脸"，可见花椒要实现丰产，管理占据着十分主导的地位，不容忽视。一切农作物的栽培管理都应当遵循科学、顺应自然法则的管理办法，根据其物种生物学特征和物候期特点制订与当地立地条件和气候环境条件相适应的、可操作性强的管理方案及农事安排细则实施行之有效的管理，方能为丰产增收打下基础，获得良好的经济效益。九叶青花椒的管理无论是树型培养、挂果枝叶群培养、肥水管理、土壤管理，还是病虫防治、生物调节剂的使用及营养失调症的纠正，除具有较高的技术操作要求外，还具有明显严格的管理时间季节要求，一些特殊的管理一旦错过管理季节，无论采取何种补救措施都无法达到预期效果甚至造成当年严重经济损失。九叶青花椒全年管理技术方案和管理农事安排计划方案必须根据九叶青花椒的生物学特征和物候期特点，参照种植区域的立地条件和小环境气候特点来制订的；如脱离或背离生物学特征、物候期特点立地条件和小环境气候特点，不遵守其营养生长及生殖生长规律进行非科学管理，必将带来巨大的生产成本浪费与严重的经济损失。

本章就九叶青花椒的树体管理、肥水管理、土壤管理、病虫防治、营养失调症的认识与生物调节剂的使用等技术进行全面论述。

第一节　九叶青花椒树体管理技术

花椒原本为落叶小乔木，但在生产中我们选择培养一年生挂果枝，强化秋季和冬季管理，保证在冬季叶片肥厚不落，以实现增强花芽分化降低叶芽分化，达到实现多花多果的丰产目的。管理水平差的椒园，在冬季才发生严重落叶现象，在其生殖生长过程中树体为适应光合作用的需要，叶芽分化速度加速，花芽分化速度降低，而出现花少叶多现象，无法实现丰产。花椒多栽种在山地、丘陵地上，水肥条件较差，树体不高，分枝能力较弱，枝条较短。因此，培养良好的经济栽培丰产树形，可促进树体养分积累，有效减少树体营养消耗，提高管理效率与花椒产量品质，是最重要的也是最主要的栽培管理技术之一。但是，要培养良好的经济栽培丰产树形，只有通过有计划、有步骤地实施花椒的整形修剪才得以实现，所以，整形修剪是花椒树体管理的重要内容之一。本节将从花椒树体管理的一般技术开始介绍，进而全面论述九叶青花椒近年来的树体管理最新技术。

一、花椒树体管理基本理论

本小节所讨论的内容不仅适用于九叶青花椒品种，也适用于其他花椒品种，仅为花椒树体管理的一般理论常识。

（一）整形修剪的概念

花椒的"整形"和"修剪"是两个不同的概念，但又紧密联系不能截然分开。花椒的"整形"是根据花椒生长发育的特点及当地的自然条件，从花椒定植开始，运用修剪的方法，人为地把花椒植株培育成既符合其生长和结果特性，又能满足经济栽培要求的树冠形式，这种栽培管理技术叫作花椒整形；花椒的"修剪"是在花椒"整形"的基础上，为了长久地维持良好的树形结构，运用短（剪）截、回缩、除萌、抹芽、摘心（短尖）、弯枝、伤枝、疏剪（枝）、刻伤等方法以控制或促进花椒枝梢和根的生长，调节养分分配，改善树冠通透性，实现年年丰产优质的一项栽培技术。在花椒的一生中，无论是花椒幼树培养树形，还是树形构成后的维持调整，都是用各种修剪方法去完成的，因此，广义的修剪包括了花椒的"整形"和"修剪"。但是，在生产上，习惯地把花椒幼龄树的修剪称为"整形"，把花椒成龄树的剪枝称为"修剪"。

（二）整形修剪的作用

1. 对局部促进、整体抑制

对花椒进行修剪可以使被剪枝条的生长增强，尤其是剪口附近的芽，往往抽生很强旺的新梢，修剪越重，这种局部的促进作用越明显。但对整个树体（包括根系），由于剪掉大量枝芽和其中的营养物质，缩小了树冠体积，减少了叶同化面积，常表现出抑制作用。

修剪对局部促进作用的大小，因树龄、树势、修剪方法和修剪程度等不同。树势强结果少的幼旺树，短剪越重，刺激局部生长作用越明显，对整体抑制就大。所以，花椒幼树除骨干枝适当修剪作为整形外，剩下的辅养枝尽量保留。这是促进花椒幼树早日进入结果期的有效措施。

2. 对生长和结果的平衡作用

花椒的营养生长是结果的基础，结果的多少，取决于生长的好坏，而适量的花果才能保持生长和结果的平衡。相反，如果花椒的生殖生长过旺（结果太多），又会抑制营养器官的生长，进而降低花椒结果能力。因此，椒农的任务，就是调节花椒一生中的生长和结果的平衡。在花椒生产上存在幼树适龄不结果，成年树大小年和丰产年限缩短等现象，这都是椒树生长和结果失去平衡所致。幼树轻剪、大年重剪、小年轻剪、盛果末期适当重剪就是调节花椒生长和结果平衡的重要手段。

3. 通过整形修剪可以合理利用光照

合理的整形修剪，可以使花椒幼树迅速扩大树冠，增加枝叶量，较快的利用空间和光能；当树龄增大，叶幕增厚，树冠逐渐郁闭，有效空间缩小时，又可以采取树冠顶部开心，疏短缩枝等技术，改善花椒树群体和个体的光照条件，提高光能利用率，达到立体结果和提高果品质量。

总之，花椒树整形修剪是一项涉及知识面广、技术性要求高、季节性相当强、操作性十分灵活的综合性专业技术，是获得花椒高产优质的主要技术之一。合理的整形修剪可以使花椒植株骨架牢固、层次分明、枝条健壮、配备合理、光照充足、通风良好，既可提高产量，改善品质，又可增延树龄，是减少病虫害的有效方法之一，切不可忽视。

（三）花椒器官生长的相关规律性

1. 根冠比

根冠比是指地上部分与地下部分的生长相关性。

"本固枝荣，根深叶茂"。这句话反映了花椒地上部分与地下部分存在着生长相关性。花椒生长过程中地上部分把光合产物和生理活性物质输送到根部去利用，而根系从土壤中吸收的水分、矿物质和氮及其合成的氨基酸等重要物质往上部输送，供给地上部分的需要。花椒的根系与枝叶之间生理上的密切相关必然导致二者在生长上出现一定的比例关系。地下部分与地上部分的相关性可用根冠比，即地下部分的重量①与地上部分的重量的比值来表示。

土壤缺水，根冠比增加；土壤水分过多，根冠比下降。"旱长根，水长苗"就是这个道理。土壤缺氮，根冠比增加；土壤氮充足时，根冠比下降。增施磷、钾肥，根冠比增加；相对低温下，根冠比增加；高光照下，根冠比增加；人工剪枝，促进枝叶生长。

2. 顶端优势

顶端优势是研究主干与分枝的生长相关性的专业技术用语。

顶芽对腋芽、主根与侧根有抑制作用。顶芽发育得好，主干就长得快，而腋芽却受到抑制，不能发育成新枝或发育得较慢。如果去掉顶芽，便可以促使腋芽萌发，发育为新枝。这种顶芽生长占优势，抑制腋芽生长的现象，称为顶端优势。顶端优势的存在实质上是生长素对腋芽生长活动的抑制作用。主根对侧根也有类似的顶端优势。除生长素外，其他植物激素与顶端优势也有关系。细胞分裂素处理可以解除顶芽对侧芽的抑制作用；赤霉素处理则加强生长素引起的顶端优势。

顶端优势的利用：① 保持顶端优势，如林木生产。② 抑制顶端优势，增加分枝，如花椒的整形修剪，秋末冬初摘心整枝（即短尖）等。农谚说："立生一根枝，斜生一串果。"生产上对徒长枝短截，立生枝拉枝等都是抑制顶端优势的应用。

3. 相互制约

营养生长与生殖生长的相关性是相互制约。

生殖器官生长所需要的养料，大部分是由营养器官提供的，因此，营养器官生长的好坏，直接关系到生殖器官的生长发育。同时，生殖器官在生长过程中也会产生一些激素类物质，反过来影响营养器官的生长。

注：① 实为质量，包括后文的增重、千粒重等。由于现阶段我国农林等行业的生产实践中一直沿用，为使读者了解、熟悉行业实际情况，本书予以保留。——编者注

营养生长过旺，会消耗较多的养分，影响生殖器官的生长发育；生殖器官的生长也会抑制营养器官的生长，同时，加快营养器官的衰老。

营养生长与生殖生长相关性的应用：花椒大小年现象与调节等。"一树花，半树果；半树花，一树果"说的就是这个道理。

（四）花椒树的枝条

1. 花椒树枝的认识

（1）枝轴群（骨架枝组群）

2008 年前在实施老椒树技术改造过程中形成我们的技术要求，经树型培养的花椒树枝轴群（又称骨架枝组群）由花椒树的主干、一级主枝、二级主枝和三级主枝构成。按技改要求的枝轴群培养数据与技术标准如下：

① 主干：是指椒树树干出地面至第一分枝的地方。其主干高度一般在 50 厘米，原则上不超过 60 厘米，技改树主干高度 70 厘米，从而达到缩短椒树营养运输的途径和树体矮化的目的；而自然椒林的椒树主干可达 100 厘米以上，其在主干上营养运输的途径长，因此自然椒林的椒树高大，大大降低了肥料利用率。

② 一级主枝：是指从主干上发生出来的第一级分枝。其一级主枝原则上控制在 3 ~ 5 个，长度在 30 ~ 40 厘米（2008 年前技改树一级主枝长度要求 50 厘米），沿不同方向均匀分布；其开张角度对整株树体而言都是均匀的，倾斜角度保持在 30 ~ 45 度；其树膛中不保留这样的一级主枝而实现内膛中空，决定了椒树在其生长发育过程中能充分均匀进行光作用，同时缩短了在一级主枝上营养运输的途径。自然椒林的椒树一级主枝长达 100 厘米以上，空间分布不均匀，决定了树体枝条分布结构错乱，营养在一级主枝上的营养运输的途径长，大大降低了肥料利用率。

③ 二级主枝：是指在一级主枝上生发的枝条。其二级主枝原则上控制在 3 个，长度在 20 ~ 30 厘米（2008 年前技改树二级主枝长度要求 30 厘米），沿一级主枝对生侧方向分布，倾斜角度控制在 30 度左右，进一步缩短了营养在二级主枝上的运输途径。而自然椒林的椒树二级主枝长达 80 厘米以上，空间分布不均匀，而出现枝条分布错乱，营养在二级主枝上的营养运输的途径长，大大降低了肥料利用率。

④ 三级主枝：是指在二级主枝上生发出来的枝条。进行树型培养时通常二级主枝定型后，于当年夏季在二级主枝上生发的枝条，进行选择性定向培养成来年挂果枝，来年进行花椒采收时，根据情况再选择每根二级主枝上 3 ~ 4 个挂果枝进行短截培养成三级主枝，其长度一般控制在 7 ~ 15 厘米（2008 年前技改树三级主枝长度要求 20 厘米），营养在三级主枝上的运输途径进一步缩短。而自然椒林的椒树三级主枝通常长达 50 厘米以上，空间分布错乱，营养在三级主枝上的营养运输的途径长，大大降低了肥料利用率。

关于骨架枝组的培养在 2002—2005 年推行老椒园技改工作时常实行 "7532" 标准，此标准是指主干 70 厘米，一级枝 50 厘米，二级枝 30 厘米，三级枝 20 厘米的培养数据指标，骨架枝组总长度为 170 厘米，平均高度为 130 厘米。本项技术的运用使九叶青花椒的亩产量比没实行技改前椒园的亩产量提高了 3 ~ 4 倍。随着对九叶青花椒生物学特性、物候期、营养运输、挂果特点等方面的研究进一步深化，于 2005 年后实施矮化密植技术以来，将骨架枝组的培养标准调整为"5321"标准。此标准是指主干50厘米，一级枝30厘米，二级枝20厘米，三级枝10厘米的培养数据指标，骨架枝组总长度为110厘米，骨架枝组平均高度为75厘米，降低营养运输途径60厘米左右，极大地提高了肥料利用率，实现果枝全覆盖。本项技术从2006—2008年全面推广运用以来，使花椒亩产量又得到了新的提高，从单产500公斤提高到750公斤以上。随矮化密植技术和生物制剂在九叶青花椒生产中的运用技术进一步成熟，在2012—2014年的生产实践过程中，笔者研究再进一步缩短骨架枝组，降低营养运输途径，经过3年的实际生产实验研究取得一定成果，进一步地将骨架枝组的培养标准调整为"410"标准。此标准是指主干40厘米，一级枝10厘米，运用一级枝萌生的侧枝培养为试果期挂果枝，在采摘花椒时进行选择性采果修剪，每个一级枝上当年挂果枝保留3～5个2～3厘米的萌芽桩，原则上保留1～2个刺节，其余挂果枝全部剪除，保留的萌芽桩相当于骨架枝组的二级主枝，萌发的枝条培养为下一年挂果枝。其骨架枝组总长度为50厘米，骨架枝组平均高度为45厘米，比原标准缩短营养运输途径60厘米左右，省去二级主枝和三级主枝的培养，通过在重庆市江津区先锋镇秀庄一社试行推广，于2015年和2016年取得极大成功。目前此项技术已经运用到重庆市各区县及四川、贵州、云南、湖北等地，获得较理想的效果。

（2）枝叶群

① 挂果枝：由显芽或潜伏芽经机械刺激后萌发而来，其上着生果穗的枝条，采果后转化为结果母枝。第二年转化为结果母枝。作为矮化密植的椒园其挂果枝第一年的形成是在三级主枝或二级主枝或一级主枝上生发培育的枝条，以后每年在进行花椒采收时将挂果枝进行重短截形成2～3厘米萌芽桩，原则上保留1～2个刺节，在萌芽桩上生长发育出来的当年夏秋枝形成来年挂果枝。而自然椒林的椒树的挂果枝是前一年的结果母枝或发育枝在夏季生发出来的枝条或延伸生长的枝条，从枝条外观上看，自然椒林或多年不进行修剪的椒树其挂果枝多是从结果母枝或发育枝上发生出来的枝条，从一根枝条上来看实际通常包括了结果母枝段、发育枝段、结果枝段及当年在结果枝上萌生出来的新梢段4个部分，挂果枝段只介于整个枝条中间的几个节上，通常不长，使得整个树体无果枝段或无果枝太多，争夺大量营养，无法实现丰产目的。

② 结果母枝：非永久性的，是发育枝、结果枝在其上形成混合芽后到花芽萌发，抽生结果枝，开花结果这段时间所承担的角色，果实采收后转化为枝组枝轴。作为矮化密植的椒园或技改椒园规范整形修剪的椒树，笔者认为实质上结果母枝就是每年采收花椒时进行夏季短截后留下的那一部分2～3厘米的萌芽桩。

③ 发育枝：由营养枝萌发而来。当年生长旺盛，形不成花芽，落叶后为一年生发育枝，当年生长一般，其上可形成花芽，落叶后转化为结果母枝。发育枝是扩大树冠和形成结果枝的基础，是树体营养物质的主要部分。作为矮化密植的椒园或技改椒园一般不留用发育枝，如为扩大树冠和形成更多挂果枝也可保留一部分。但实践中，进行矮化密植的椒园或技改椒园每株椒树并不需要培养太多挂果枝，而是通过定向培养强壮的挂果枝提高坐果率来提高产量，其每年对挂果枝进行重短截形成的结果母枝生发的枝条已经足够保证来年挂果枝的枝条量，因此在矮化密植的椒园或技改椒园一般都不会发现发育枝的存在。

④ 徒长枝：由多年生枝皮内的潜伏芽在枝干折断、刺激、树体衰老时萌发而成，生长旺盛，直立粗长，长度50～100厘米。这种枝条是大量争夺树体营养的枝条，因此在矮化密植的椒园或技改椒园一般不留用，但为了补充空间枝条，在进行更新时也作为培养枝形成更新

的枝组群，以起到填补空间和更替的作用。

2. 花椒枝条间的两种不合理相互关系

花椒树在进行整形修剪过程中，一定要注意枝条间的空间关系、椒树间的空间关系，进行全面衡量，合理修剪。在具体的修剪中要注意识别以下两种不容出现的枝条关系：

（1）交叉枝：两枝或以上枝条相互交叉，相互占据对方枝条生长空间的枝条。交叉枝不利于光合作用的进行。

（2）重叠枝：两个或两个以上的枝条在同一个方向，同一个竖直面上生长的枝条。重叠枝同样不利于光合作用的进行。

以上两种枝条间的关系在生产中进行修剪处理时原则上坚持"剪下不剪上，剪强不剪弱"的修剪方式。

（五）花椒树体整形修剪的技法

修剪的目的和时期不同，采用的方法也不同。常采用短截、疏剪、缩剪、甩放、开张角度、抹芽、除萌、疏枝、摘心、扭梢、拿枝、刻伤、环剥等，分不同情况应用。

（1）短截：是剪去一年生枝条的一部分，留下一部分，又叫短剪。剪去的枝条越长则发生的新枝越强旺。短截可分为轻短剪、中短剪、重短剪、极重短剪。原则上进行短截修剪（九叶青及其系列品种的采果修剪）应当坚持"强树轻剪，弱树重剪"的原则。

（2）疏剪（疏枝）：剪去枯死枝、病虫枝、交叉枝、重叠枝、竞争枝、徒长枝、过密枝等无保留价值的枝条，省营养，复壮内膛枝，延长寿命，加强光合作用。

（3）缩枝：指将多年生枝短截到分枝处的剪法。可降低先端优势的位置，改变延长枝的方向，改善光合作用，控制树冠的扩大，缩短枝条长度，减少枝芽量和母枝生产量。

（4）甩放（缓放、长放）：对一年生枝不剪。不可连续甩放。

（5）伤枝：凡能对枝条造成破伤以削弱顶端生长势，促进下部萌发、促进花芽形成，提高坐果率和有利果实生长的方法，如刻伤、环剥、拧枝、扭梢、拿枝等。

各种修剪方法不是孤立的，应综合利用。

（六）花椒树体整形修剪的方法

花椒因品种、气候、立地条件、栽植密度、管理水平等因素不同，可以采用不同的树形，生产上常用的树形有自然开心形、自然杯状形、丛状形、疏层小冠形、水平枝扇形、自然圆头形。这里只介绍最佳首选树形——自然开心形或自然杯状形。

1. 自然开心形

这种树形"干矮中空，主枝少，通风透光，管理简便"，特别适宜丘陵山地和肥水条件差的地方采用。

（1）树体结构特点

无中心主干，主干高 40 厘米左右，主干上部均匀着生 3 个长约 30 厘米的主枝，其与主干的水平夹角约 120 度，分枝角 40~50 度；每个主枝上着生侧枝、结果枝与结果枝组均应着生在主枝的两侧，呈平斜生状态，形成主枝向四周伸展的开心形树形，即主干、一级主枝、侧枝、结果枝的长度分别为4、3、2、1（分米）。

（2）树体整形方法

花椒苗定植第一年的整形修剪重点是培养骨架枝组，为提前进入结果期做准备。即在距地面40厘米左右剪除上部定干，在剪口以下10～15厘米的区间应有4～6个饱满芽，从萌芽到5月上中旬从萌发的新梢中选留3个着生位置适当、枝长30厘米左右的健壮枝作为主枝培养，保持水平方位角度约120度，分枝角40～50度；将一级主枝靠近主干的萌芽（保留上端3～5个萌芽，其萌生的枝条培养为二级主枝）和主干上距地面30厘米以下的萌芽剪除；疏除着生在主枝下部和主枝间，与主枝重叠，交叉的枝条；适当保留主枝间不影响主枝生长的健壮枝，并摘心控制生长，将其培养成辅养枝。

培养二级主枝（最新技术可以不培养二级主枝，待一级主枝生长至次年的4月中下旬时将一级主枝摘心以促进腋芽萌发，萌生的枝条枝条直接培养为下一年挂果枝），即萌芽前，对选定的主枝留30厘米左右短截，当主枝强弱不均时，强枝剪留短些，剪口下留较弱的芽；弱枝剪留长些，剪口下留壮芽；剪口芽均留外芽，第二、第三芽留两侧。萌芽后，新梢枝条单条延伸能力很强，年生长量达1～2米，而分枝能力很弱，只能形成少量短枝，不利于整形，因此，应早期摘心，促进分枝，加速整形。通常，剪口芽萌发的主枝延长枝除保持主枝的伸展方位和分枝角度外，当长度达到30厘米左右时摘心，促其分枝，将剪口下第二或第三芽萌发的新梢选作第一侧枝，并保持平斜生或斜上侧生状，分枝角度40～50度。各主枝上的第一侧枝应在同一侧。主枝上萌发的其余新梢，根据存在空间和着生的位置决定去留，有存在空间，且着生在主枝两侧或背上的新梢，长度达到30厘米左右时摘心，培养结果枝组，或缓和其长势，把它转化为结果枝；无存在空间的新梢或背上直立枝应疏除。

二级主枝培养成功后需进一步培养主枝、侧枝和延长枝。培养结果枝组或二级主枝上的侧枝和枝组。萌芽前，在各主枝延长枝距一级主枝20厘米左右处短截，剪口均留外芽，剪口下第二或第三芽留在第一侧枝的另一侧。萌芽后，待主枝延长枝新梢长到40厘米左右处摘心，促进腋芽萌动。

以后逐年依次类推更新培养，使主枝延伸到树冠设计大小，主、侧枝上下交错，插空培养结果枝组，即形成自然开心形树形。

2. 自然杯状形

这种树形"干矮中空，通风透光良好，主枝尖削度大，骨干枝牢固，负载量大，寿命长，管理便捷"，特别适宜丘陵山地和肥水条件较好的地方采用。

（1）树体结构特点是：无中心主干，主干高40厘米左右，主干上部均匀着生3个长30厘米左右的一级主枝，其与主干的水平夹角约120度，分枝角40～50度；每个主枝前端着生2个长势相近的二级主枝，在二级主枝上着生2～3个长约20厘米的侧枝；各主枝和侧枝上配备大、中、小型结果枝组；二级主枝、结果枝与结果枝组均应着生在主枝的两侧与上方，呈水平斜生状态和直生状态；形成骨架牢固的杯状树形，即主干、一级主枝、二级主枝、三级枝的长度分别为4、3、2、1（分米）。

（2）树体整形的方法：

① 花椒苗定植第一年在距地面45～50厘米剪截，在剪口以下10～15厘米的区间留4～

6个饱满芽，饱满芽萌发后，选留3个着生位置适当、水平方位角度约120度、分枝角40～50度、长势均匀的健壮枝作为一级主枝进行培养，当枝长50厘米左右时摘心，促其分枝；将影响一级主枝生长的枝和主干上距地面35厘米以下枝与萌芽剪除；对其余在不影响一级主枝生长的前提下的健壮枝条，适当保留并控制其生长，作为辅养枝。

② 花椒苗定植第二年的整形修剪重点是萌芽前，在每个第一年确定的一级主枝距主干40厘米左右处选2个相邻且长势相近的枝条，作为二级主枝培养，剪去二级主枝前部的一级主枝枝梢。每个二级主枝剪留长度40厘米左右，剪口留外芽，分枝角度50度左右，方位角与其着生的一级主枝的延长线形成的夹角为40度左右。萌芽后，将二级主枝剪口下芽萌发的新梢作为延长枝培养，待长度达40厘米左右时摘心，促生分枝；第一侧枝选在二级主枝距一级主枝30厘米处，各个二级主枝上的第一侧枝应在同一侧；对各个一级主枝和二级主枝上的其他枝条，根据枝组配置的原则，结合树体可发展空间，或选作枝组培养，或留作辅养枝，或疏除。

以后逐年依次类推更新培养，使树冠达到设计大小，每个二级主枝上培养1～2个对生、间距为50厘米左右的侧枝，各级骨干枝上配备交错排列的大、中、小型枝组，即构成自然杯状形。

（七）花椒修剪

1. 修剪时间

花椒的修剪时间一般在花椒采收或采收后至次年春天萌芽前均可。但是，以结合花椒采收同时修剪（采果修剪）或花椒采收后立即修剪（先收后剪）这两种方式进行修剪，并配合及时补肥、病虫害综合防治措施同时进行最好。此时修剪有利于改善花椒光照条件，提高光合作用机能，积累养分，充实花芽，促进分化和缓和树势，不易萌发徒长枝等。

具体修剪时间的确定要考虑以下几个因素：

（1）树势强弱；

（2）当年的气候情况；

（3）成龄结果树修剪时间与"立秋"的间隔时间。

这3个因素是对花椒生长发育有制约和影响的因素。根据树势强弱而定，一般幼树宜在进入休眠期前的秋天修剪；弱树则宜在进入休眠期后才进行修剪。根据当年的气候情况而定，一般伏旱高温时间长的年份轻剪；正常年份可适度重剪。根据成龄结果树修剪时间与"立秋"的间隔时间而定，一般修剪时间距离"立秋"前越长，可适度重剪；距离"立秋"前越近，修剪就宜越轻；修剪在"立秋"以后，仅宜对结果枝短剪（截）或疏剪。因此，具体修剪时间的确定要综合考虑修剪以后是否能在立秋以前形成长度至少在20厘米的结果枝这个核心。

2. 不同生长阶段椒树的修剪方法

按花椒不同生长发育阶段，应采取相应的修剪方法。

（1）幼龄树的修剪方法

定植后第一年距地面按要求高度短截；第二年在发芽前除去树干基部35厘米以下枝条和刺，并均匀保持主枝3～4个进行短截，其余枝条不进行短截，疏除密生枝、细弱枝、病虫枝，长放强壮枝。特别应该重视的是树体造型，该剪的枝要剪除，不要心痛怕剪。

（2）结果树的修剪方法

逐步疏除多余大枝（一般采摘花椒后进行）；对树冠内枝条以疏为主，即对树冠内的枝条"采取疏枝，不全部修枝"的办法，要适当地保留一点着生位置恰当、健壮无病枝条，作为更新主枝或结果枝组（枝）的备选枝条；剪除病虫枝、干枯枝、重叠枝、交叉枝、密生枝、短截或疏除徒长枝。确保次年花椒有效枝条的生长发育能够合理高效地利用树体有限的生长空间，使花椒植株形成"骨架牢固、层次分明、枝条健壮、配备合理、光照充足、通风良好、病虫害少"的丰产树形。在生产实践中又根据其挂果时间的不同阶段其修剪方法有所侧重。

① 结果初期的修剪

a. 修剪任务

在适量结果的同时，扩大树冠，培养骨干枝，调整骨干枝长势，维持树势的平衡和各部分之间的从属关系，完成整形，计划地培养结果枝组，处理和利用好辅养枝，调节好生长和结椒间的关系，促进结椒，合理利用空间，为盛果期稳产高产打下基础。

b. 修剪方法

（a）骨干枝的修剪：骨干枝延长枝剪留长度，据树势而定，随结果数量的增加，延长枝剪留长度比前期短，一般剪留 30～40 厘米，树势旺的长一点，弱的短一点。维持延长枝头 45 度左右的开张角度。长势强的主枝适当疏部分强枝，多缓放，轻短截；对弱主枝，少疏枝，多短截。

（b）背后枝的修剪：强枝及早控制其生长，以利结椒；弱枝短截，更新复壮。对背后枝、下垂枝尽量利用，以扩大树冠为目的，多结椒为准则。

（c）徒长枝的修剪：幼树期取重短截、摘心等法控制生长；结椒期，可适当培养成结椒枝组，补充空间，增大结椒面积；对长势旺直立的在夏季摘心或冬季在春秋梢分界处短截，促生分枝，削弱长势；徒长枝变为结椒枝组后，若先端变弱，后部光秃，又无生长空间，及时重短截。

（d）辅养枝的利用和调整：在主枝上，未被选为侧枝的大枝，可按辅养枝培养、利用和控制。初果期，可增加枝叶量，积累养分，圆满树冠，增加产量。应轻剪缓放，增加结果枝。当辅养枝影响骨干枝生长时，必须为骨干枝让路，当去强留弱，适当疏枝，轻度回缩。严重影响骨干枝生长时，则从基部疏除。

（e）结果枝组的培养：结果枝是骨干枝和大辅养枝上的枝叶群，经多年分枝，转化为年年结果的多年生枝。分为大、中、小三种类型，大型枝组分枝 30 个以上，中型枝组分枝 10～30 个，小型枝组分枝 2～10 个。配置相当数量的大中型枝组，做到大中小相间、交错排列。

② 盛果期花椒树的修剪

以矮化技改为修剪目的，以重短截为主要修剪技法，达到延长盛果期的作用。

a. 主要任务

维持健壮而稳定的树势，培养和调整各类结果枝组，维持结果枝组的长势和连续结果能力，实现树壮、高产、稳产的目的。

b. 骨干枝的修剪

（a）盛果初期的修剪：延长枝中短截，疏外养内，疏前促后，增强内膛枝的长势。

（b）盛果后期的修剪：及时回缩，用斜上生长的强壮枝带头，以抬高枝头角度，复壮枝头。疏除临时性辅养枝，永久性辅养枝要适当回缩。

c. 结果枝组的修剪

结果枝的比例：大、中、小之比＝1∶3∶10。

小型结果枝的修剪：疏除细弱分枝，保留强壮分枝，短截部分结果后的枝条，复壮树体生长结果能力。

中型结果枝的修剪：选用强枝带头，稳定生长势，适时回缩，防止枝组后部衰弱。

大型结果枝的修剪：调整生长方向，控制生长势，把直立枝组引向两侧，对侧生枝组不断抬高枝头角度，采用适度回缩。

d. 复壮修剪

对多年结果枝组进入盛果期后，对已结果多年的枝组要及时进行复壮修剪。常采用回缩和疏枝相结合的方法，回缩延伸过长、过高、生长衰弱的枝组，在枝组内疏间过密的细弱枝，提高中、长果枝比例。

内膛结果枝的培育和控制：注意骨干枝后部中、小枝组的更新复壮和直立生长的大枝组的控制。

结果枝的修剪：以疏剪为主，疏剪与回缩相结合，疏弱留强，疏短留长，疏小留大。

e. 除萌和徒长枝的利用

5—7月是萌蘖枝多发月份，应及时抹除；徒长枝不缺枝部分全疏除，内膛缺枝处可留成内膛枝组方法是选择生长中庸的侧生枝，于5—7月摘心，冬剪再去强留弱，引向两侧。

（3）老龄树的修剪方法

以疏剪为主，抽大枝，去弱枝，留大芽，及时更新；复壮结果枝组，去老养小，疏弱留壮，选壮枝壮芽，以恢复树势。

① 主要任务

及时而适度地进行结果枝组和骨干枝的更新复壮，培养新的枝组，延长树体寿命和结果年限。

② 修剪方法

a. 小更新

对主侧枝前部已经衰弱的部分，进行较重的回缩。回缩在4～5年的部位。选强势、向上生长的枝组，作为主侧枝的领导枝，把原枝去掉，复壮主侧枝长势。

b. 大更新

常在主侧枝的1/3～1/2处进行重回缩。应注意留下的带头枝具有较强的长势和较多的分枝，以利于更新。

山东莱芜花椒整形修剪的经验："两砍五修一打头"，简称"251"修剪法。

两砍：小树砍股（指多主干），大树砍枝。

五修：修除病虫枝、干枯枝、重叠枝、交叉枝、密生枝。

一打头：打营养枝，进行短截；剪除"耙耳朵"（柔弱枝、萌蔽枝）；扫平"尖脑壳"（徒长枝、立生枝）。

二、矮化密植九叶青花椒园树体管理技术

采用矮化密植技术建设的椒园称为矮化密植椒园。这样建设的椒园，单位面积的椒树植

株多，植株间距小，进行科学的树型培养是提高产量的重要保障。从整体椒园看，植株间分布均匀、枝轴群布局合理，枝叶群空间分布均衡，方可形成丰产椒园。本小节着重讨论树型培养的具体实施方法。

矮化密植椒园的树型培养采用自然开心型。常根据当年定植后椒苗生长的实际情况来安排培养树型。原则上其培养的椒树上存在如下枝条：主枝、一级主枝和挂果枝，缺少了二级枝和三级枝的培养，没有发育枝、结果母枝和徒长枝。

树体管理技术包含幼苗期树型培养（骨架枝组群培养）、挂果期枝叶群培养两部分内容。幼苗期树型培养的好坏决定着进入挂果期后挂果枝每年培养的空间分布是否均匀，挂果枝组营养贮备分布是否合理，是方便管理和提高产量的基础，挂果期枝叶群培养是每一年必备的重要工作，培养粗度和长度适度的有效挂果枝组是实现来年丰产的物质条件。

（一）幼苗期树型培养

幼苗期树型培养又称骨架枝组群培养。幼苗期是指从九叶青花椒苗定植开始至第二年开始培养次年挂果枝并挂果的时间段的树，通常是指在前一年上半年第一生长高峰期中种植或下半年9月中旬至11月中旬种植时起至第二年4月下旬或5月中旬止的这一段时间，但下半年种植的椒苗往往因为种植后很快进入休眠期，制约了正常的生理生长，而出现分发的一级主枝数量有限或较为严重的偏向，为树型培养带来困难。笔者认为在上半年第一生长高峰期种植的九叶青花椒树型培养优于下半年种植的树型培养，具有明显的萌枝能力和早投产习性，是可实现当年种次年挂果的唯一方法。

从九叶青花椒在重庆江津种植以来，对幼苗期骨架枝组的培养技术发生了3次明显的技术更新，其技术更新情况如下：

1. 技改运用期

本项技术的推广运用于2002年开始，2003年进行全面推广，一直至2005年得到全面运用，是江津花椒产量实现的第一次飞跃，提高单产产量3倍以上，使得江津花椒得到快速发展。本项技术本用于成年椒树的整形修剪，以培养一年生有效挂果枝叶群为中心目标的核心技术组成，技术对骨架枝组的修剪培养标准很自然地被引用到幼苗期骨架枝组的培养上，于是形成了当时运用较多的幼苗期骨架枝组的培养标准。

技术指标为：主干高度70厘米，一级主枝50厘米，二级主枝30~40厘米，三级主枝20~30厘米，形成了"7532"标准。其各级主枝的枝条数量标准为：一级主枝3~5个，二级主枝3~4个（对整株椒树而言二级主枝数量9~20根不等），三级主枝原则上要求3个（对整株椒树而言三级主枝数量27~60根不等），在三级分枝上培养一年生挂果枝原则上每个三级主枝上培养3个挂果枝，因而就形成了挂果枝总数81~180根，冠高通常在2.5~3米。在生产中逐渐发现由于单株挂果枝枝条数过多，光合作用进行不理想，枝条营养贮备分布不均，形成大量较为纤细的弱枝，为疏枝工作带来极大难度。树体高度较高，营养运输途径太长，严重降低了肥料利用率，为日常管理与采果工作带来困难。此标准现在一些部门或我们的技术员在技术指导过程中还在沿用，给广大的椒区椒农或业主造成严重的生产损失。如一定要采取这一标准进行树型培养，笔者认为种植株行距取3米×3米，亩植株数75株为宜，虽单株产量得到了提高，却无法提高亩产量，针对土地资源丰富的山区、管理较粗放的地区可以适当采用，不宜大面积推广。具体的骨架枝组培养方法在此不再论述。

2. 矮化密植运用期

本项技术笔者于 2003 年下半年提出构想，于 2004 年上半年第一生长高峰期通过种植实验，于 2006 年进入初果期根据产量评估得出实验结论，并于同年在重庆綦江县、江津区、涪陵区等地进行技术推广，形成了如江津区现龙村、綦江县石角镇、涪陵区小溪等地的丰产矮化密植椒园，取得了良好效果。本项技术从 2006 年开始推广以来一直到目前被大多数从事花椒产业技术服务的技术员所推广，大量的农户及业主运用。其亩植株数从原来的 75 ~ 90 株增大到 110 ~ 180 株，虽单株产量在一定程度上受限，但亩产量却得到了大幅度提高，在进入挂果盛期的前期表现极为充分。

技术指标：种植株行距 2 米 × 2 米或 2 米 × 1.8 米或 2 米 × 2.5 米；骨架枝组标准：主干 40 厘米，一级主枝（每棵树保留 3 个一级主枝）30 厘米，二级主枝（每个一级主枝上部培养 3 个二级主枝，每棵树共计 9 个二级主枝）20 厘米，三级主枝（每个二级主枝上培养 3 个三级主枝，每棵树共计 27 个三级主枝，不进行修剪培养为试果期第一年挂果枝）10 厘米，构成了骨架枝组的"5321"标准。

按本技术指标培养的九叶青花椒树冠高通常维持在 1.8 ~ 2.2 米，为矮化密植的实施提供了明确的技术指标。具体的骨架枝组培养方法在此不再论述。

3. 矮化密植技术更新期

笔者于 2012—2014 年观察采果修剪的萌芽情况进行分析，并根据九叶青花椒的生物学特性、潜伏芽萌芽特征及有效挂果枝形成条件得出结论：实施重剪的九叶青花椒萌芽桩越短，其萌生的新芽新枝越强大，生长速度也越快。根据植物营养运输原理得出九叶青花椒实施重剪是缩短营养运输途径、降低营养运输损耗、提高肥料利用率的有效途径。于 2014 年采果修剪时在江津区先锋镇秀庄村一社进行点上技术更新修剪实验，通过 2015 年挂果情况比对发现，实验组挂果情况明显优于对比组。各取实验组和对照组 20 枝挂果枝进行比对，其结果如表 3-1 所示：

表 3-1　矮化密植技术更新实验数据

实验比对内容项目	实验组	对照组	结论
着果开始部位均值	2.8 刺节	6.4 刺节	下移 3.6 刺节
挂果枝平均长度	112 厘米	96 厘米	增长 16 厘米
单挂果枝平均果穗	23.36 个	18.47 个	增加 4.89 个
单果穗平均椒粒数	148.24	126.63	增加 21.61 粒
单鲜果穗平均重量	43.74 克	36.32 克	增重 7.42 克
平均鲜果千粒重	295.06 克	286.68 克	增重 8.38 克

结论：实验组着果部位下移，挂果枝长度增长达到合理水平，单个挂果枝果穗数量增加，单果穗椒粒数量增加，单鲜果穗重量、鲜果千粒重增加。通过技术更新可提高产量 5%～8%，提高肥料利用率 6%～9%，简化烦琐的骨架枝组群培养工作。

技术数据指标：种植株行距指标：平地 2 米×2 米或 1.8 米×2 米，坡地 1.8 米×1.8 米。

骨架枝组数据指标：主干 40 厘米，一级主枝 7～12 厘米（每树培养 3～5 个，分枝角度均匀，可选择使用一级主枝于次年挂果，通过早摘心促进一级主枝侧枝萌发形成挂果枝，充分利用侧枝挂果提高其次年产量），二级主枝（实则为第一年培养挂果枝的萌芽桩，常保留 1～2 个刺节）1～2 厘米，简称"410"标准。

骨架枝组群的培养要充分考虑第一年挂果枝的培养时间，原则上第一年挂果枝的培养时间比挂果成年椒树的挂果枝培养时间前移至 5 月中旬至 6 月上旬实施修剪萌芽，在此阶段进行最后级主枝重短剪，以实现培养第一年强壮的挂果枝为目的。从种植开始至第二年 4 月下旬完成骨架枝组的培养工作，需要根据具体的生产管理时间与季节进行调整，以培养强大的骨架枝组群来实现培养第一年强壮有效的挂果枝为目的。在此以上半年第一生长高峰期种植的九叶青为例，以最新的矮化密植技术更新期技术标准骨架枝组群培养方法进行讨论。

（1）定主干

原则上上半年种植的九叶青花椒营养杯苗的定植时间以 3 月上旬至 5 月下旬为最佳种植时间，经 25～40 天的充分肥水管理，当苗高达到 38 厘米左右时进行摘心处理，在摘心后其主干高度一般还可延长 1～2 厘米达到 40 厘米左右，便完成了种植后的定干工作。在摘心定干时凡发现在主干上萌发的侧芽应当全部保留不可抹除，以培养出次年较多的一级主枝挂果枝条，同时提高苗的枝叶数强化光合作用，促进树势生长，为次年提高其产量打下物质基础。

（2）一级主枝

当定干后其主干上部腋芽快速萌发，保留的所有萌枝，在空间分布上不均或开张角度不够应当选择拉枝、吊枝等办法进行调整，其萌枝伸展方向与地平面夹角保持在 30 度左右。当萌枝长至 60 厘米左右时使用促控剂（降低先端优势，促进腋芽发育萌芽），在第一次使用促控剂后将所有一级枝摘心，促进腋芽萌生的新侧枝快速生长发育，当侧枝长出 20～30 厘米时参照挂果椒树挂果枝培养管理办法实施管理，让其在次年挂果。在次年进行采果修剪时保留在空间分布上较均匀的 3～5 个一级主枝，选择最顶端的保留枝进行重短截，保留长度为 7～12 厘米，以其剪口为平面，将其他需要保留的一级主枝高于此平面的部分剪除，让所有一级主枝的剪口保持在同一平面上。在生产中一些业主也可选择在一级主枝均长至 15 厘米左右时一次性在最上端枝长 7～12 厘米平剪，重新萌芽形成的枝条培养为次年挂果枝。注意修剪后或摘心后的剪口或摘心点几个一级主枝尽可能保留在一个水平面上，为后期的修剪或挂果枝的培养带来方便，同时也为挂果枝叶群获得均匀的光照打下基础。

当一级主枝培养成型后，一级主枝上萌生出数量较多的新枝，当新枝长到 10 厘米左右时开始疏枝，每个一级枝上保留 3～5 个生长发育良好的枝条，在疏枝时注意尽可能地保留着生于一级主枝两翼或向一级主枝伸展方向的枝条，尽可能地疏除着生于一级主枝背侧枝和上方枝。疏枝工作完成后强化肥水管理，促主干、一级主枝和新枝快速长粗，当新生枝长到 30 厘米左右时可摘心，降低顶端优势，促进枝上腋芽萌发和枝上营养贮备，以促进新枝增粗生长。为了实现试果期培养的挂果枝强大有效，实现试果期产量增加，原则上经种植至第二年 4 月下旬进行修剪时主干直径不低于 2.5 厘米，生产中越粗越好，幼苗期肥水管理好的直径最大的可达 6~8 厘米；一级主枝的直径原则上不低于 1.5 厘米，生产中越粗越好，幼苗期肥水管理好的直径最大的可达 3~4 厘米；着生于一级枝上的枝条基部直径原则上不得低于 0.8 厘米，生产中越粗越好，以保证新一年修剪后的萌生枝强大健康有效，以形成来年有效的强大挂果枝组，保证试果期产量增加。

（二）挂果枝叶群的培养

培养长度适中，粗度适当，当年营养贮备丰富而均匀的挂果枝是实现来年椒园丰产的物质基础。

1. 形成有效挂果枝叶群的条件

（1）挂果枝形成的时间

花椒是以前一年萌生的夏秋枝或枝梢（自然园或粗放型椒园不进行采果修剪的，便是利用形成的短小夏秋梢）为第二年的挂果枝或挂果枝段（自然园或粗放型椒园不进行采果修剪，形成的便是短小的挂果枝段）。九叶青花椒挂果枝或挂果枝段的形成时间是前一年的 5 月至 8 月上旬。形成的时间越晚，枝条发育越差，来年坐果量越低；形成的时间越早，枝条发育越好，来年坐果量越大。根据这一条件要求，我们在实际的生产中为了防止发育枝、结果母枝、徒长枝等不挂果的枝条争夺营养，采取采果修剪（幼年第一年试果可称为夏季修剪）来实现树上只培育来年挂果枝。

（2）枝条营养贮备丰富而均匀

培育的挂果枝在其生长过程中包含了萌芽后快速生长的生理生长期、过渡期及生殖生长期 3 个阶段。在不同的阶段对营养物质的需求及光合作用的同化异化过程发生着明显的变化，通过光合作用其合成的营养物质的主要运用也发生着变化。在生理生长期中补充以氮为主体的速效肥作为基肥（又称月母肥），能快速促进萌芽促进新生枝的快速生长。在过渡期和生殖生长期过量补充氮肥会造成形成的挂果枝组顶端优势加强，形成枝条过旺生长，营养物质在枝条中得不到丰富的贮备，而无法实现丰产目的。根据其特点在此阶段强化高磷高钾肥的运用，加强微量元素、植物调节剂等的运用，让其顺利过渡充分完成生殖生长过程。营养贮备丰富而均匀决定着来年花椒的花蕾分布、坐果部位、果穗大小等，是决定花椒产量十分重要的条件。

（3）花序原基质积累是否丰富

生长过渡期是指从生理生长向生殖生长转化的过程。花序原基质积累开始于挂果枝的形成终止于花序分化的结束，而更集中的表现在过渡期过程中。花序原基质积累实际是为花芽分化做准备，原基质积累丰富与否直接关系着花芽分化的全过程是否充分，直接决定着来年椒树的花蕾量和坐果情况。花序原基质积累越丰富，花芽分化过程中的 6 个阶段就进行得越完美，花蕾越丰富，坐果量越大；反之则小。这一过程通常在每年的 7 月 20 日左右开始集中表现至 9 月下旬结束，在这一时间段内如果营养生长得不到良好的控制而出现培养的挂果枝过旺生长，大量的补给营养和光合作用合成物质用于生理生长消耗，而使花序原基质的形成与积累受阻，无法完成椒树挂果枝从生理生长向生殖生长的转化过程，严重影响花芽分化各阶段的进行，制药花蕾的形成与坐果过程。因此生产中我们在此阶段通常选用一些效唑类药物抑制生理生长，促进其向生殖生长的转化，以实现多花多果的生产目的。

2. 挂果枝叶群在生产中的培养

（1）试果期挂果枝叶群的培养

试果期是指椒苗种植后经过幼苗期的骨架枝组群的培养后，第一年进行挂果枝叶群培养开始至顺利坐果到果实采收的这一时期。九叶青花椒通常在种植第二年的 4 月下旬或 5 月上旬开始进行第一次挂果枝叶群培养，一直至次年采果完毕称为试果期。

在试果期的挂果枝培养问题上，除能保证次年能获得适度的果实外，其核心的工作还是要以继续强化主干、一级主枝的增粗管理工作，为初果期和盛果期做好充分准备。不能片面追求试果期产量，影响树势生长，进而影响初果期和盛果枝的丰产性能。

① 萌芽桩的保留修剪

幼苗期经过一年的骨架枝组培养，至次年采果期开始进行修剪（未挂果的树提前修剪，原则上此时 3～5 个一级主枝上已经培养出直径大于 0.8 厘米的枝条 12 个以上，在这些枝条上长势好的其下一级侧枝已经萌生，但其多为种植当年深秋或当年春季萌发的枝条，不具备挂果条件，因此在生产中不具有保留价值）。在生产中我们在每一棵树上选择一级主枝 3～5 个进行短截重剪，重剪程度每根枝条仅保留 7～12 厘米长，剪口位置位于保留刺节上方的上一个刺节下方并保持在同一水平面上。例如，只保留一个刺节就在第二个刺节下方为剪口，保留 2 个刺节就在第三个刺节下方为剪口。修剪时要做到一剪而成，剪口平整。经修剪保留下来的枝桩称为萌芽桩，生产实践表明，保留的萌芽桩越短，萌生的芽体和后天形成的枝条生长发育越良好，萌芽桩越长，萌生的芽体和后天形成的枝条生长发育越差，且萌芽量增多，枝条量增大，为后期的疏枝工作带来极大困难。因此在生产中我们仅需要保证每个萌芽桩能萌发 2～3 个芽体生长发育成枝条便可，以降低疏枝工作难度，同时因形成的枝条量较少，在同等水平的肥水管理条件下单枝获取的营养物质越充足，加速了枝条的快速生长，方能形成强大有效的挂果枝组。

② 挂果枝的培养

花椒并不是以培养数量较多的挂果枝来实现高产的，而是通过培养有效的长度适中、粗度适当和数量合理的有效挂果枝来实现丰产的。有效挂果枝是指坐果位置理想，果穗数量理想、果穗大小理想的丰产枝。在生产中试果期的椒树通常选择的挂果枝数量为 18～27 枝，个人认为原则上以 20 枝左右最为理想（成年挂果椒树以 27～36 枝最为理想）。运用肥水管理、生物制剂等方式尽可能地保证每一根试果期挂果枝长度在 100～120 厘米。培养有效的挂果枝受以下因素制约：

a. 修剪时间：修剪时间上从每年的 4 月下旬或 5 月上旬便可以开始，在中纬度亚热带地区可延续至 7 月中旬，原则上早剪比晚剪好，枝条具有足够的生理生长和生殖生长时间，以保证当年花序分化过程的充分进行。在温带或高海拔地区的生长期过短地区或霜冻期过长地区，为了保障其有效挂果枝的培养，需要改变其九叶青在中纬度亚热带采果修剪的方式而选用保留当年部分发育枝，重剪部分当年发育枝以其萌发的枝条培养为次年的挂果枝，其保留下来的当年部分发育枝至次年采果前不断短截，于次年 4 月底与 5 月上旬在次年的挂果枝还没采果前进行短截保留萌芽桩，让其萌发的枝条培养为下一年的挂果枝。此时强化肥水管理，一为强壮新一年挂果枝的形成，二为膨大当年挂果枝上的果实。至挂果枝次年果实成熟时（此时可能已经进入深秋）进行采果修剪，保留的萌芽桩萌发的枝条已经不具备下一年挂果的条件，则培养为当年采果时至下一年 4 月底与 5 月上旬期间的生长发育枝，保留数量尽可能减少至每株树 12～15 枝，到下一年 4 月底与 5 月上旬期间再将保留的生长发育枝进行重剪保留萌芽桩，其萌发培育的枝条则为再下一年的挂果枝。这样一来同一株树每年进行采果修剪时，而下一年的挂果枝已经在树上形成，以保证了新培育的挂果枝在一年中具有足够的生理生长时间，具有效的向生殖生长转化生长的时间和足够的生殖生长时间，以满足有效挂果枝叶群的形成。

b. 萌芽桩的保留长度：在进行九叶青花椒的采果修剪或第一次挂果枝培养修剪过程中，其萌芽桩从保留一个刺节到多个刺节进行实验对比表明，在同一时间修剪萌芽桩保留的刺节越短，其形成的萌芽体越来强，在相同时间内萌发的生长新枝越强大，枝条生长速度越快；反之则慢。在生产中经比较，以选择一个刺节或 2 个刺节为最佳，原则上不超过 3 个刺节。

c. 疏枝情况：当进行萌芽桩修剪工作后的 5～7 天便可发现芽体的出现，在 10 天以后萌生出的枝长便可长到 7～15 厘米，通过观察在肥水条件好的地块新生枝生长速度可以达到每昼夜 1.5～2.3 厘米，其生长速度极快。当新生枝长到 10 厘米左右便可选择每棵试果树中 20 根左右生长发育最良好的枝条进行保留，作为本试果树最终的挂果枝。在选择时一定要注意这些需要保留的枝条的空间分布情况要均衡，而将其余枝条全部沿萌芽点处抹除，切不可用修剪的方法进行修剪，一旦采用此法在靠近剪口的地方会再次萌生新枝，为以后的管理工作带来困难。在生产中早疏枝比晚疏枝效果好。

d. 培养的挂果枝长度粗度对坐果的影响：培养强大的挂果枝是很多椒农力争想做到的，但培养的挂果枝太长（太短）或太粗（太细）都会影响坐果，适度的挂果枝长度和粗度是实现丰产的物质基础。生产中长度超过 130 厘米都会使坐果部位上移而在枝段的下方段形成一段空枝无法坐果，延长了营养运输途径，降低了肥料利用率而不利于产量的提高。挂果枝的粗度以保持在出枝部直径为 0.8～1.2 厘米为最佳，粗度太小形成弱枝不利于花芽分化和开花坐果，挂果枝太粗，枝下端木质化程度太高，不利于花序分化期原基质积累，该部枝段无法进行后期的花芽分化而出现不挂果的空枝段，同样造成营养运输途径的延长，降低了肥料利用率而不利于产量的提高。

e. 培养的挂果枝的生理生长期与生殖生长期的时间配比对坐果的影响：九叶青花椒的生理生长向生殖生长转化的时间，原则上在中纬度亚热带的重庆大部地区（高海拔或霜冻期过长地区除外）通常的转化时间是从每一年的 7 月中旬开始至 9 月中旬结束，也就是挂果枝完成花序分化原基质积累的时期。经近几年观察，随气温的变暖，其部分地区可延续至 9 月下旬甚至 10 月上旬均可进行花序分化原基质积累，其分化枝段在次年也能形成良好的挂果枝段。这一转化时间进行得越早，其花序分化原基质积累越充分，次年挂果率越高；反之则越差。其实不难想象，从每一年采果修剪开始培养的挂果枝开始进行生理生长至转化至当年的生殖生长结束（进入休眠期前）的这一时间段的生长时间配比，如生理生长期过长，则生殖生长期就会变短，影响花芽的分化前期进程，而如生理生长期过短，自然就延长了生殖生长期，在足够长的生殖生长期中保证了花序分化原基质的积累，强化了花芽分化前期进程以保证分化的充分，次年方能形成强大有效的坐果枝。但生理生长期并非越短越好，时间太短了形成的挂果枝条长度也会随着变短而形不成足够长的有效挂果枝。在生产中为了缩短生理生长期而延长生殖生长期目前实行生物制剂的控制，通常在新的挂果枝枝条长至 40～60 厘米时选择使用控旺药物进行挂果枝条生理生长的有效控制，常选用稀效唑或少量使用多效唑进行控旺及缩短节间处理。如果控旺药物使用过早过重，则大大降低其顶端优势生长，则加速腋芽萌动形成较多的侧枝组群，生产中可利用此技术培养较多的短果枝，其缺点是培养的长果枝在腋芽萌动刺节处不能形成花芽而使坐果位置上移，当然此技术可广泛用于红花椒的中短果枝的培养，不失为红花椒类提高丰产性能的重要手段。

在生产过程中，通常在 7 月 20 日左右当培养的挂果枝达到 40～60 厘米长度时选择促控剂水溶液进行第一次雾喷，以后根据挂果枝新梢长势每间隔 15～20 天或枝长长 20 厘米左右再雾喷第二次，在第二次雾喷时用量加倍，至 10 月下旬时可选用可选择高浓度促控剂对枝梢的生长中心进行重喷（枝梢扫喷工作）。至 11 月上旬根据培养的挂果枝生长情况，如发现新梢生长仍过旺，可选择芸薹素与奇壮素复合剂 20 克配制 15 公斤水溶液进行雾喷 1 次，可取得良好的效果。

f. 挂果枝花芽、叶芽分化平衡对坐果的影响：花椒挂果枝腋芽属于花芽与叶芽的混合体，挂果枝的同一腋芽，我们不难想象如叶芽的分化强于花芽的分化，则在这个腋芽点上将会形成较强的萌生枝而难以形成良好的果穗，对整株椒树而言则会产生叶多花少果少的现象；反之如果花芽的分化强于叶芽的分化，则能形成良好的果穗，而此位置形成的枝叶较少，对整株椒树而言则会产生叶少花多果多的现象，这是我们生产中想要达到的理想效果。而花芽与叶芽分化的平衡关系受诸多因素影响，挂果椒树的挂果枝在生殖生长过程中的叶片情况与在花芽分化期中促进花芽分化的生物制剂使用情况为主要的影响因素。挂果椒树如果管理不善，在其生殖生长过程中出现大量落叶，当树体经过漫长的休眠期进入第一生长高峰期时，椒树自发调整其生理生长，需要用强大的光合作用来完成自身生理生长营养的合成，而光合作用过程的完成需要大量的叶片来实现，于是此时树体的主要营养物质供与叶芽的萌动生长而减少了花芽的生长营养供给，因此在后期开花成果过程中出现叶多花少果少现象。但如果挂果椒树管理良好精细，在其生殖生长过程中保持叶片肥绿，营养充足，在进入次年生长高峰期已无须通过新生叶来实现其强大的光合作用过程，其营养主要用于花芽的萌动生长促进开花结果，便会形成叶少花多果多的良好丰产势头，影响在生殖生长期叶片保持是否良好的因素取决于当年挂果枝培养形成过程中病虫害（锈病、螨类、斑点落叶病、叶斑病、炭疽病等危害叶片的病虫害）的防治情况和肥水条件（特别是磷钾肥的补充情况）；促进花芽分化生物制剂的使用时间、种类和使用方法在一定程度上影响着花芽、叶芽的分化平衡，在生产中我们通常选用适当浓度的芸薹赤霉乙酸、芸薹素高钾复合剂混合来促进花芽分化以达到促花芽的作用，通常选择芸薹赤霉乙酸 1200 倍液、芸薹素高钾复合剂 800 倍液混配水溶液，分别在 12 月下旬、次年 1 月中旬和次年的 2 月上旬各雾喷 1 次，能取得良好的效果。

g. 花粉管（花蕊）的长度对受粉坐果的影响：中纬度亚热带地区（不含高海拔长霜冻地区）花蕊的分化通常是在花蕾形成后的 3 月份中旬开始一直至花期时中止，在分化过程中花蕊分化越充分，花管就越长，越利于在花期中受粉，其受粉率越高，坐果率越高；反之则受粉率越低，坐果率也就越低。花蕊的分化过程也就是花粉管的生长过程，其分化的程度硼元素对其产生极大的影响，在此期间如果植株没有足够的微硼补给其花蕊分化受阻，花蕾细小，花粉管不能长到受粉长度无法完成受粉过程，而具有了良好的微硼补给则可强化花蕊分化促进花粉管长长长粗，达到受粉长度利于受粉过程的进行而提高坐果率。在生产中我们通常选择活力硼或高能硼（一般不选择硼砂）1 000 倍液水溶液雾喷带花蕾的挂果枝至滴水状，分别在 2 月底或 3 月初开始进行，每间隔 7 ~ 10 天进行一次，连续雾喷 3 ~ 4 次为佳。

h. 花期气候条件或人为因素对受粉率的影响：中纬度亚热带地区（不含高海拔长霜冻地区）九叶青花椒的花期通常在 4 月上旬，共 7 ~ 10 天，近年来，随温室效应的加强，花期在不同的地方都有不同程度的提前，最早的花期甚至出现在 3 月 20 日左右。此时如果受天气条件或人为因素的影响，受粉率为大大降低，严重影响坐果。如在花蕾期出现倒春寒会出现冻伤花器，影响坐果。如在花期出现绵绵阴雨、黄沙尘或在花期雾喷农药都会阻塞花粉管，降低受粉率而影响坐果。

i. 修剪空枝、新生枝、发育枝对坐果的影响：当次年新春时，挂果枝上已经形成花蕾，开始椒树上空枝的修剪工作，剪除无花蕾的枝条和枝段，使余下的枝条均是带花蕾的枝条，在第一生长高峰期中一直至采果前凡萌生的新枝随时剪除或抹除，以降低空枝新梢对营养物质的争夺而降低肥料利用率，让其树体吸收的大部分营养投入花果生长过程中，强化保花膨果过程，以达到丰产的效果。

培养强壮有效的挂果枝叶群，是实现椒园丰产的重要途径。在生产中从每一年的采果修剪前的施放月母肥（也称基肥）就开始了，一直将延续至次年的采果期，在漫长的生产过程中，每一个生产管理环节都关系着次年产量，因此在生产中我们一定要严格按照管理季节进行准确有效的管理，以期达到丰产的目的，为获得高效生产园实施精准管理是不容忽视的。

（2）初果期或盛果期挂果枝叶群的培养

九叶青花椒初果期是指续试果期以后至盛果期这一时间段的时期，是从试果期到盛果期的过渡阶段，一般通过 1 ~ 2 年完成此过程，此时需要进一步强化在幼苗期培养的骨架枝组群，让骨架枝组群的各级枝组进一步长粗长壮，为盛果期实现丰产打下良好的物质基础。盛果期是指续初果期以后一直到衰老期的这一阶段，根据各椒园管理水平的不同，此阶段一般 15 ~ 25 年不等，此时椒树树体生长旺盛，性状特点表现充分，能形成强大的挂果枝叶群，是花椒树体一生中最强大的时期，此时我们以每年培养强大的挂果枝叶群实现丰产为生产目的。

在中纬度亚热带地区（高海拔霜冻期长的地区除外），挂果枝上的花椒已经达到采果成熟期前一周施放高氮含量的月母肥，一周后进行采果修剪。在第一生长高峰期结束至第二生长高峰期来临的初期，气温维持在 32 摄氏度以下的 5 月中旬至 6 月下旬之前的多雨季节修剪时，首先贴紧骨架枝（不保留萌芽桩）剪除位于骨架枝上的背侧枝和直生枝，再选择位于骨架枝两侧的侧生枝 12 ~ 15 枝，注意其在空间分布上和在原骨架枝组上分布的均匀性，保留萌芽桩的长度为 1 ~ 2 厘米或者 1 ~ 2 个刺节进行修剪，全树实行全剪全摘，不保留辅助枝；如果进入 6 月下旬以后气温达到 32 摄氏度以上，降雨减少，则首先选择位于骨架枝两侧的侧生枝 12 ~ 15 枝，注意其在空间分布上和在原骨架枝组上分布的均匀性，保留萌芽桩的长度为 1 ~ 2 厘米或者 1 ~ 2 个刺节进行修剪，其余枝条相应选择每树 3 ~ 4 枝进行保留为辅助枝（辅助枝待其保留的萌芽桩萌生出的新枝达到 10 厘米左右时再贴紧骨架枝剪除，也可结合第一次疏枝工作时一起进行），其余枝条贴紧骨架枝剪除。

立体气候特点明显的霜冻期较长的地区（如渝东南地区、云贵高原和川南、湖南省和湖北省部分地区）或纬度较高地区（如川北地区、川东北地区、陕西南地区等）在日照充分、积温优良、降雨分布适宜的气候环境条件下和优良的立地条件下，九叶青花椒也能表现出优秀的生物学物种特性，因此在以上广大地区也有相当面积的种植，但由于气候环境特点决定了其物候期的变化，全年生长期变短，特别是第二次生长高峰期明显变短，休眠期的到来提前；休眠期在一定程度上延长，特别是第一生长高峰期的萌动期迟来，顺应出现花蕾期、成籽期、果实膨大期、果实成熟期、采收期推迟。比如，在渝东南地区酉阳县的部分高海拔（海拔达到 900～1 100 米）地区，萌动期一般出现在 3 月 5 日左右，花期推迟至 4 月中旬，采果期推迟至 6 月下旬至 7 月中旬；再如，云贵高原和川南部分地区，从河谷盆地地区至高海拔地区的立体气候十分明显，海拔从 600 米左右上升至 1800 米以上，其物候期河谷盆地地区早，高山高海拔地区晚，物候期相差在部分区域长达 20～25 天，每年这些地区花椒的采收期从每年的 7 月上旬便从河谷盆地地区开始一直延续至 10 月中下旬的高山高海拔地区，甚至出现山下果实累累，山上椒花漫山的壮丽景色。物候期中休眠期的延长，生长期的缩短特别是第二生长高峰期的缩短，使在每一年采果后挂果枝没有足够的时间完成生理生长（营养生长）和生殖生长过程，严重制约一年有效挂果枝的形成，因此在上述地区往往出现九叶青花椒的大小年之分，在某些管理不力地区出现某些年份产量极为低下甚至出现绝收的现象，严重挫伤这些地区的椒农发展产业的积极性。比如笔者曾于 2016 年 7 月中旬到酉阳县浪坪村一个占地面积超 200 亩的椒园考察，当年总鲜花椒产量不足 1 000 公斤，当年 9 月下旬到云南省昭通市彝良县进行产业规划设计时，据当地政府提供的产业情况数据显示，全县种植面积达 20 万亩，其总产量为 1.5 万吨干花椒，折合鲜花椒产量仅 7.5 万吨。以上地区没有结合九叶青花椒的生物学特性和当地九叶青花椒的物候期特点来研究行之有效的管理技术并在生产中实施，是造成单产低下最主要的原因。针对这一特殊生产现况，笔者于 2014 年和 2015 年分别在云南省昭通市的炎山、贵州省铜仁市的松桃县、重庆市綦江区的打通镇、重庆市酉阳县分别进行九叶青花椒修剪技术的更新，在 2015 年和 2016 年均表现出明显的效果，这一修剪技术的运用为提高上述椒区单产产量，杜绝大小年之分是行之有效的。其技术组成为：

a. 选择当年未修剪的枝条（未进行采果修剪的枝条包含了发育枝、结果母枝、当年结果枝等）总量的 1/3（以当年形成的发育枝和结果母枝为主），枝条量每株 9～12 个枝，选择出来的枝条对整株椒树而言空间分布和着生于椒树上的位置相对均匀，于当年的 5 月上中旬进行重短截（也许此时被选择重短截的枝条已经形成部分果实，在做这一工作时部分椒农因担心影响当年产量而不舍修剪也是情理中的事情，但我们修剪是为了来年能获得更高的产量），进行重短截时原则上将选择出来的枝条沿椒树骨架枝组群的着生部位开始保留 2～3 个刺节的萌芽桩进行重短截，其短截方式与我们前面所述的采果修剪方法一致，将萌生出来的枝条培养为次年的挂果枝。这样，在修剪当年培养的挂果枝就具有了足够的生理生长和生殖生长时间，为培养有效挂果枝提供了重要的时间保障。培养的挂果枝在次年挂果后待果实成熟时进行挂果枝的短截修剪，其方法为将挂果枝上凡具果实的枝段实行全部修剪，但要保留长度 10 厘米左右，以后萌发的小枝不予理会，让其自然生长也可限制生长，只需让保留的枝段不干枯便可，待下一年的 5 月上中旬将保留下来的枝段进行重截修剪，保留 2～3 个刺节的萌芽桩，将萌生出来的枝条再次培养为再下一年的挂果枝，依次类推。

b. 当年 5 月上中旬末修剪树上保留的当年挂果枝的处理办法：第一年保留下来的挂果枝让其完成果实的形成和成熟过程，当到达果实采摘期时选择其中空间分布和着生位置较均匀的 12～15 枝进行挂果枝的短截修剪，其余的当年挂果枝全部紧贴骨架枝组群的着生位置进行修剪。原则上将挂果枝沿椒树骨架枝组群的着生部位开始保留 10 厘米左右进行短截，在以后萌发的小枝不予理会，让其自然生长也可限制生长，只需让保留的枝段不干枯便可，待次年的 5 月上中旬将保留下来的枝段进行重截修剪，保留 2～3 个刺节的萌芽桩，将萌生出来的枝条培养为下一年的挂果枝，待下一年实施采果时依法进行，依次类推。

这样一来，一棵完整的椒树上在当年 5 月上中旬至当年采果时就具备了两类枝条：当年的挂果枝（采果时需要短截）和培养的次年挂果枝；当年采果后至次年 5 月中下旬也具备了两类枝条：培养的次年挂果枝和采果修剪后保留下来的短截枝（其上也许萌生出较多的新枝，但在生产中没有用处，可保留少量而将大量的新萌枝抹除）。其实经过如此修剪一株完整的椒树上仅存在两类枝——挂果枝与发育枝，这两者通过一年两次不同时间的修剪进行新一年的角色转换，为培养有效挂果枝提供重要的时间保障。

注意施放月母肥的时间为当年发育枝重短截前一周的时间，可结合当年的膨果肥一起进行，但要注意施肥的种类和施肥量的控制。

三、老椒园的技改运用

九叶青花椒在 20 世纪 80 年代从云南的小青花椒引进重庆地区，经选育培训而成。以其优良的品种属性和产品品质，倍受农民和消费者喜爱。从试点种植到大规模生产，从局限于重庆江津地区种植扩散到重庆市大多数区县，21 世纪开始就引种到四川、湖南、湖北、山东等地进行种植。1989 年被林业部定为生态树种后，进入 21 世纪初结合我国实施退耕还林项目，九叶青花椒的种植得到了飞速发展，近 10 年时间九叶青花椒的种植面积从原来的 30 万亩增加到近 3 000 万亩，分布于四川、重庆大部、贵州、云南、广西、湖南、湖北等地。

笔者从 2003 年开始，对重庆市江津区、璧山县、永川区、綦江县、万盛区、南川区、丰都县、涪陵区等区县进行实地椒园调查发现，在上述地区（从江津引种的其他省）进行九叶青花椒种植建园的椒园，大部分由于缺乏正确的管理技术支持，在种植后进入挂果期的前两年产量还算不错，而后椒农不懂得如何管理而放任椒树自行生长，形成了典型的自然林，大部分椒园产量低下，有的甚至绝收，造成了严重的经济损失。丰都县 2 万亩自然椒园林，其年产值不足 400 万元；江津区江南带老椒园约计 38 万亩，其年产值不足 10 亿，而江北带约 8 万亩新椒园其年产值约 8 亿元。老椒园的单产产值低下是不言而喻的。寻找一种适合老椒园生产管理的技术支持是椒农朋友渴求的，也是花椒产业生产区政府领导盼望的，更是科技工作者不容推卸的责任。本小节就老椒园的技术改造（简称技改）问题进行详细讲解。主要分为技改的运用原理、技改方法和技改椒园的管理 3 部分进行分析。

（一）技改的运用原理

1. 基本利用原理

技改以相应的科学原理为基础的。九叶青花椒技改的运用是以九叶青花椒的生物学特性为理论支持的，其利用原理为：

（1）九叶青花椒以一年生中长果枝（前一年夏秋季萌生的枝条）为主要结果枝。

（2）九叶青花椒皮下潜伏芽丰富，经刺激能快速萌动，生发新枝，具有强的抗重剪能力。

（3）九叶青花椒先端优势明显，降低先端优势促进骨干枝营养积累，促进腋芽萌动，新萌生的枝条成为来年的挂果枝，枝条萌芽力强，能耐强度修剪。

（4）隐芽寿命较长，据此特性可对多年生枝进行更新，树干也能萌发新枝，可延缓衰老和延长结果期。

2. 技改运用依据

九叶青花椒的技改是以九叶青花椒的物候期特点和营养运输及分布为依据的。其物候期特点的运用依据为：

重庆地区及同纬度同海拔地区九叶青花椒的枝条生长有两次高峰：3月上旬至6月上旬是速生阶段（又称第一高峰期），6月中旬至11月上旬又出现第二次生长高峰，10月中旬转缓，11月下旬基本停止生长。利用其第一高峰期结束时对椒树进行重剪矮化，达到复壮的目的，进入第二生长高峰期时萌生的枝条快速生长，培育形成来年有效挂果枝。

重庆地区及同纬度同海拔地区九叶青花椒11月下旬或12月上旬进入休眠期，根系、枝条均停止生长，开春后首先进行的是花芽萌动，根系开始活动，而后转入第一生长高峰期。

各个地区因地下位置和海拔的不同，其物候期略有变化，但总体来说适合种植九叶青花椒的地区，其物候期可波动时间不会超过10天，如物候期可波动时间超过了10天，说明该地区气温过高或霜冻期过长，均不适宜九叶青花椒的种植。

（二）老椒园技改实施的准备

自然生长状态下或粗放管理的老椒园，大多数多年疏于管理，椒园内杂草丰盛；土壤板结，通透性极差，土壤肥力不够；病虫害严重；椒树老化，病枝、枯枝众多；树体严重缺乏营养，叶片薄小、微黄等现象严重。要实施技改，首先应当改变椒园现状，方可形成相应的丰产园，否则不能取得预期效果。如在技改前和技改后加强管理甚至会扩大损失，轻者新枝萌发量不多或不萌发芽，重者造成椒树死亡等现象的发生。因此在进行技改时要做好充分的相关准备工作。准备工作应当做好以下几个方面：

1. 技改前安排好技改实施时间

原则上技改实施的时间从每年的5月中旬至6月下旬为最佳（对绝收椒园可提前至5月上旬甚至更早），特殊地区可至7月中旬前，如海拔较高，时间只能前移，保证其生发的枝条在霜冻期来临前得到应有的花序分化原基质积累。

在确定好技改实施时间的基础上，完成椒园的准备工作，椒园的准备工作主要包括以下几个方面：

（1）在技改实施前3个月实施全园除草，将园中杂草全部清除，减少杂草对土壤营养的争夺。

（2）在技改实施前2个月，完成全园土壤深翻工作，以树盘滴水线为界，先挖宽约40厘米、深约30厘米的环形沟，如遇花椒树大根，切断其大根，以促进其营养根的生发。在环形沟内填入相应的有机质、农家肥料或复混肥，然后回填椒园地中的表层土。

（3）在技改实施前2个月内根据深翻施肥后椒树的长势，补充施肥，让其在技改实施前能达到叶肥枝壮的效果。

（4）在技改实施前完成整个椒园的病虫害防治工作，根据椒园实际病虫害情况进行分别防治，确保实施技改时椒园的病虫害危害降到最低点。

（5）在技改实施前 1 周结合全园灌水施入基肥，因第一次施用基肥，其施肥量一定要充足，原则上多年自然椒林或老椒树根据树型大小可按每株施尿素 0.5～0.8 公斤。

2. 工具准备

由于多年自然林中的椒树，大多数枝条木质化程度十分高，枝条直径大，枝条量大，大多形成丛生枝，在实施技改时要修剪掉大量大的枯枝、病枝、老枝和无利用价值的多余枝。因此必须准备相关的修剪工具，主要包括枝剪、钢锯、砍刀等工具。

3. 技术准备

技改前要对技改进行全面的理解，对技改实施时的方法和技改后的管理工作要做到心中有数，在其技改时间和管理季节进行严格的技术操作和技术管理，不得马虎。

（三）老椒园技改的实施

老椒园的技改工作主要是指对老椒园中已经老化的椒树进行修剪更新，重新组建枝轴群和枝叶群，以获得一定的丰产性和延缓椒树老化，让椒园更好地发挥经济效益为目标的树型管理工作。从实质上来讲，椒园的技改工作不仅仅是一个修剪复壮的过程，它还包括相关的一系列管理工作。

对不同的椒园，技改办法的实施笔者认为应当区别对待，如完全的自然林，其产量十分低下或绝收，可采取一年技改实施法；而对于进行粗放管理、具有一定产量（只是产量不够理想）的老椒园，可采取多年技改实施法，以达到枝条逐步回缩，产量逐年增加的效果，不至于在技改实施第一年出现相应的减产现象。

1. 一年技改实施法

（1）枝轴群的修剪

大多数老椒园特别是自然林椒园，从定植开始基本上没有进行相关的修剪工作，或修剪十分粗糙，没有形成合理的枝轴群结构，树体上枝条横呈，其交叉枝、重叠枝众多，树体复杂。面对如此的椒树让人感觉到无从下手进行修剪，无法组建一个合理的枝轴群。在实践中可以按如下方法进行操作。

① 整体观察椒树枝条结构。从总体上把握椒树的主干、一级枝、二级枝、三级枝（有的椒树多年不修剪可能出现更高级的枝轴）间的关系，特别注意在主干上发出的一级枝伸展方向和本株椒树与相邻椒树间的空间关系。确定一级枝保留的数量和具体的枝条，以空间关系和方位来确定，原则上一个方向保留一个一级主枝，对某个方向不具有的，可保留内膛一级枝进行牵拉来完成该方向上的一级枝的形成。

② 剪去多余的一级主枝。确定好一级主枝的数量和具体的枝条后，动手剪去多余的一级主枝，完整保留预留的一级主枝。

③ 确定一级主枝定型。剪去多余的一级主枝后，对椒树再次做全面的观察，观察一级主枝上分发出来的二级主枝的枝条量、位置和空间分布情况。为保证来年形成较多的有效挂果枝，因此要求每枝一级主枝上至少应当保留 3～5 个强壮二级主枝，而将一级主枝向上延伸的部分进行修剪回缩。整株椒树的一级主枝全部进行相应的修剪回缩后，其一级主枝上就留下

预留的二级主枝了。

④ 确定二级主枝定型。一级主枝修剪回缩后对椒树再次做全面的观察，观察二级主枝上分发出来的三级主枝（有的二级主枝已经没有了分枝，或分枝量较少而且十分细弱）的枝条量、位置和空间分布情况。为保证来年形成较多的有效挂果枝，要求每枝二级主枝上至少应当保留 3~5 个强壮的三级主枝[没有分枝的二级主枝可进行短截（保留长度 30 厘米），让其当年从短截的小桩上生发出来年的挂果枝，第二年采收时再培养三级主枝]，将二级主枝向上延伸的部分进行修剪回缩。整株椒树的二级主枝全部进行相应的修剪回缩后，二级主枝上就留下预留的三级主枝了。

⑤ 确定三级主枝定型。二级主枝修剪回缩后对椒树再次进行全面的观察，观察三级主枝上分发出来的当年挂果枝或发育枝或挂果母枝（有的三级主枝已经没有了分枝，或分枝量较少而且十分细弱）的枝条量、位置和空间分布情况。为保证来年形成较多的有效挂果枝，因此要求每枝三级主枝上至少应当保留 3~5 个强壮的当年挂果枝或发育枝或挂果母枝(没有分枝的三级主枝可进行短截，保留长度 7~12 厘米，让其当年从短截的小桩上生发出来年的挂果枝，第二年采收时再培养新的挂果枝），将三级主枝向上延伸的部分进行修剪回缩。整株椒树的三级主枝全部进行相应的修剪回缩后，其三级主枝上就留下预留的当年挂果枝或发育枝或挂果母枝了。

⑥ 短截当年挂果枝或发育枝或挂果母枝。将在三级主枝上预留的当年挂果枝或发育枝或挂果母枝进行重短截，保留长度在 1~2 个刺节形成萌芽桩，一株树可保留 1~2 枝不进行重短截，以保证修剪后树体能进行相应的光合作用，待新枝长出后再进行重短截。让其在修剪后快速萌生出新枝形成来年的有效挂果枝。

⑦ 全部枝条修剪完后，注意观察整株椒树枝条间的相互关系，对某些空间出现少枝或无枝的区域，可以将枝多的区域的枝条进行拉枝的办法，让枝伸延到该区域补充该区域的枝条量。

2. 多年技改实施法

这种技改办法在生产实践中基本没有采用，与一年技改实施法的修剪基本相同，所不同的是对每一级枝条均不做全修剪，而是按空间枝条关系，剪一些保留一些，分若干年完成整个技改修剪过程。在此不做过多的说明，椒农朋友可在实践中结合自己椒园的实际情况进行有计划的技改修剪。

（四）老椒园实施技改后的管理

技改修剪仅是完成了技改工作的一小部分,要形成丰产椒园必须在技改修剪后加强管理。笔者在重庆各花椒生产区县调查，了解到一些椒区椒农实施技改修剪后不加强科学管理或管理力度不够，使大片的椒园在实施技改修剪仍不挂果，有的甚至出现越冬期中新生枝条大面积死亡。因此加强技改修剪后的管理是十分重要的。在具体的管理中应当满足以下管理水平。

（1）技改修剪后新生枝长至 5~10 厘米进行疏枝，原则上每个浅小桩上保留 1 个新枝，作为来年挂果枝的培养对象。培养对象一旦确定，在以后长达一年的时间内凡由其他地方萌生出来的新枝新芽全部抹除，不得保留。其目的是让椒树吸收的营养运输到挂果枝并贮存起来。

（2）当技改修剪后1周内，使用大树移栽平衡液或生物调节剂进行雾喷。

（3）10月上旬对培养的来年挂果枝进行摘心打顶，打顶时注意打去枝条上端较嫩的部分的1/3，靠近节间后1～1.5厘米的地方摘心。其目的是促进枝条木质化。

（4）打顶后，在其培养的挂果枝枝节上从当年开始一直到来年采果前都会萌生出侧枝来，在10月以后至来年采果前将新萌生的侧枝全部抹除，不得保留。其目的是减少无用枝条对营养的争夺，使营养集中到挂果枝上储蓄起来。

（5）当年技改修剪后，当新生枝还没有完全发育良好时，已经进入炎热的夏季，因此在暑热到来之前椒园进行全面灌水，如遇大雨可省略这一工作，在灌水后或大雨尽快用高秆植物或野草将树盘或全园进行覆盖，以保证在炎热的夏季土壤水分不致丢失太多而满足不了椒树生长的需求，影响其培养的挂果枝正常生长。覆盖物于入秋后天气转凉时取开，好进一步进行其他管理工作。

（6）8月下旬至9月上旬施花序分化期肥，促进花芽分化；10月中旬施打顶肥，11月下旬施越冬肥，在来年2月底施花前肥，促进开花，在来年4月底或5月初施膨果肥，促进果实膨大。

（7）3月上旬喷施硼酸一次，4月上旬喷施"好多收"一次，于4月中旬开始，使用磷酸二氢钾每隔10天喷施一次，至采收前20天停止。

（8）当年10月上旬进行全园除草，来年3月进行树盘除草。平时可根据椒园杂草情况进行除草。

（9）11月至来年2月做好全园的清园工作和椒树的保暖工作，可以用保暖剂进行雾喷或在11月下旬用草皮覆盖椒树树干基部，防止树干受冻。

（10）当年7月用硫黄5斤、生石灰10斤、水100斤混合涂干，防治虫害。其他病虫害根据椒园实际情况加强防治。

四、普通椒园修剪技术方案

九叶青花椒生产区，由于大面积椒园的存在，椒农管理水平并不一致，其管理技术掌握情况也不相同，并非全面实施矮化密植和技改。因此为了指导一般椒农对普通椒园的修剪管理，本小节就普通椒园的修剪技术做一简单讨论，椒农在生产中一定要根据椒园实际情况结合本技术方案进行修剪，也可参照前面的矮化密植整形修剪和老椒园的技改修剪灵活实施。

（一）制订技术措施的原理或依据

（1）自然生态为3～7米落叶小乔木，丛生，全身布锐刺，不利于经济栽培。

（2）喜光、温、气；荫蔽潮湿，易染病。

（3）萌枝力强，隐芽寿命长，能耐强度修剪。

（4）枝条顶端优势强，易徒长，萌发无效枝，消耗养分，影响果品质量。

（5）老枝不结果，秋枝不结果。

（6）次年花芽分化时间在当年采果后的秋季，因此，两年生（头年春、夏梢）强壮枝是最佳结果枝。

（二）技术措施标准及要求

1. 株行距

平地 2 米×3 米或 2 米×2 米，山地 1.5 米×2 米，零星种植 3 米×3 米。

2. 树 形

自然开心形或自然杯状形。

3. 结 构

（1）主干约 40 厘米，一级主枝约 30 厘米，二级（侧枝）主枝约 20 厘米，三级（结果）枝约 10 厘米，简称"4321"整形修剪法。

（2）主枝水平夹角 120 度，分枝角 40～50 度。

（3）骨架牢固，层次分明，枝条健壮，配备合理，光照充足，通风良好，株行空距，方便管理。

4. 整形修剪

（1）采果后修剪

① 时间：5 月上旬至 7 月上旬。

② 修剪要点：根据植株立地、树龄、可扩空间、肥水、气候、季节、期望产量等动态因素影响，针对具体的每一植株，科学统筹决定修剪强度，剪除病虫枝、干枯枝、重叠枝、交叉枝、密生枝、细弱枝，短截或疏除徒长枝，适当保留辅养枝，预留更新枝。

（2）树体（枝条）管理

① 秋后管理

a. 时间：修剪后至 11 月上旬"立冬"。

b. 坚持经常"巡园"，观察枝条萌发、生长、病虫害危害情况；保留强壮枝，及时疏除或短截徒长枝，剪（抹）除采果修剪后修剪未到位或萌发的密生枝、病虫枝、干枯枝、交叉枝、重叠枝、细弱枝、下垂枝、荫蔽枝等无效枝。

c. 及时对生长强旺、分枝角度不够或着生位置较好的立生枝、徒长枝进行拉、压、吊枝，改善分枝角度，使之转化为次年优良的结果枝。

② 短尖壮梢

a. 时间：10 月下旬至 11 月上旬"立冬"。

b. 对次年全部结果枝短截或摘心。

③ 春后管理

a. 时间：2 月下旬至 5 月上旬"立夏"。

b. 坚持经常"巡园"，观察枝条萌发、生长、病虫害危害情况；及时疏除或短截徒长枝，剪（抹）除春季萌发的密生枝、病虫枝、干枯枝、交叉枝、重叠枝、细弱枝、下垂枝、荫蔽枝等无效枝，促进营养相对集中。

c. 及时对生长强旺、分枝角度不够或着生位置较好的立生枝、徒长枝进行拉、压、吊枝，改善分枝角度，使之转化为优良的结果枝，提高坐果率。

（三）特殊要求与提示

1. 花椒整形修剪原则（要诀）

花椒丰稳产，整修是关键；方法有章循，有法无定法；树与树"让路"，株株应"开心"；形似"倒锅盖"，株高2米限；枝条贵"壮匀"，无须多益善；果枝不"直立"，否则"拉"或"截"；坚持常"巡园"，通透是要件；确认"无效枝"，速剪不手软；接近"立冬"时，"短尖"不能省；技术若"断链"，丰稳难实现！

2. 采果后整形修剪强度的决定方法

若立地条件好，树龄短，树势强，肥水条件好，气候条件好，距离"立秋"（8月上旬）时间近等，一般宜轻剪；反之，可适度重剪。但是从每年的农事季节来确定：原则上每年7月上旬"小暑"以前可适度重剪，7月上旬以后绝对不能重剪，因为重剪后若遇干旱、管理等因素影响造成椒树不能抽枝死树或抽枝长度不够或枝条不能木质化与花芽分化。总之，花椒树的立地、树龄、树势、肥水、气候、季节等因素决定修剪强度的轻重，对次年花椒的品质和产量将产生关键性的影响。在实施整形修剪时把握的核心就是，必须对所有影响因素统筹考虑，综合平衡后决定如何修剪，保证整形修剪后的花椒树在进入秋季以前抽出健壮以及足够长度和数量的次年结果枝。

3. 传统密植郁蔽花椒园的改造

对于传统密植郁蔽、内膛空虚光秃花椒园矮化整形修剪办法，适宜采取一律"砍头"开心；主枝分年短截、回缩，以增加内膛光气通透性，促进内膛光秃主干、主枝上的隐芽萌发抽发新梢，从中选留培养着生位置适当的强壮新梢，用于更新主枝；剪除内膛密生枝、萌蘖及无效枝；适当留足次年有效结果枝用于结果，保证次年稳定增产。

4. 短尖矮化密植技术（九叶青花椒优质丰产的秘密武器）

就是采取剪枝等手段回缩花椒高度，使花椒从土壤中得到的营养相对集中，并扩大枝条间的疏密度，减少因大风等灾害性天气造成的枝条间相互拍打落果减产，并实施配方施肥，促使花椒获得足够均衡的养分。

第二节　九叶青花椒肥水管理技术

花椒产业是目前农业中较高效的产业之一，九叶青花椒表现尤其突出。在九叶青花椒产区特别是掌握了先进的科学管理技术的椒区，精细化管理水平越来越高，单产产值得到了大幅度的提高，从最原始的传统生产2 000～3 000元每亩提高至12 000～15 000元每亩，极少数的丰产椒园甚至出现单产产值超过25 000元，九叶青花椒真正成为椒区椒农的摇钱树。但往往在追求高产量、高产值的同时，大大地提高了生产成本，在一定程度上降低了产品品质，产量与品质成为一对日益突出的矛盾。

在九叶青花椒的具体生产过程中，广大椒农特别是在成熟区的椒农体验着九叶青花椒的高效种植效益，总是想着在有限的种植面积前提下，如何提高单产产量，获得更高的产业效益，实现利益最大化。因此在生产中肥水管理是他们首先思考的问题，没有科学地根据九叶青花椒自身的物候期特点在各个阶段对营养的需求来实施肥水管理，而是盲目地通过一系列的高端、高效、高价的三高肥类来实施大剂量的肥水管理，往往得不到理想的效果，甚至导致投入与产出失衡，造成极大生产浪费甚至损失。在此我们首先谈谈九叶青花椒对营养元素的需求及相互关系。

一、九叶青花椒对营养物质的需求及相互关系

花椒的萌芽、抽枝、开花、结果等整个生命过程中，都要不断地从土壤中吸收大量的营养物质。正确的施肥是实现花椒高产、稳产、优质的重要措施之一。在生产中应当遵循"测土配肥、看树施肥"的原则；不可根据其理论要求，不做变通、生搬硬套进行施肥管理，那样只会出现事倍功半，生产成本提高、经济效益降低的结局。

（一）花椒所需的营养元素

花椒所需的营养元素有10余种，主要包括碳、氢、氧、氮、磷、钾、钙、镁、硫、铁、硼、锌、锰、铜、钼等元素。在生产中我们将其划分为三类：将碳、氢、氧、氮、磷、钾归于大量元素；将钙、镁、硫归于中量元素；将铁、硼、锌、锰、铜、钼等归于微量元素。碳、氢、氧三种元素在植物营养学部分没有缺失，通常未做专门的研究。它们对花椒生长发育的作用分别是：

1. 氮

氮是花椒（也包含其他果树）生理生长（营养生长）过程中必不可少的元素。能促进枝叶旺盛生长，增强树势，延缓衰老；提高叶片光合效能，在一定程度上发挥稳花稳果，增加产量的作用。氮肥不足时，枝叶减少，新梢细弱，叶色黄化，新叶变小，老叶橙色或红紫色；易早衰，抗逆性低，落花落果严重，产量下降。氮肥过量时，枝叶徒长，花芽分化差，落花落果严重，果实着色不良，皮粗味淡，品质差，贮藏性能下降。

2. 磷

磷是花椒（也包含其他果树）生殖生长过程中必不可少的元素。能促进花芽分化、果实发育和种子成熟，增进品质；提高根系的吸收能力，有利于新根发生，增强花椒抗寒抗旱能力。磷不足时，会延迟花椒展叶开花物候期，降低枝叶萌发率，叶柄和叶脉带紫红色，叶缘焦枯，基部叶早期脱落，果实含糖量减少，色泽不鲜艳，产量降低。但过量的磷会抑制氮和钾的吸收，可使土壤或树体内的铁不活化，引起生长不良，叶片变小，产量下降；磷过剩还能引起锌不足。

3. 钾

钾是花椒（也包含其他果树）在生殖生长的花果期必不可缺的元素。适量钾肥可促进果实肥大和成熟，促进糖的转化和运输提高果实品质和耐贮性；可促进枝条加粗生长，组织成熟，增强抗旱、抗寒、耐高温和抗病的能力。钾肥不足时，叶片和果实变小，易裂果，着色差，品质降低，采前落果严重。但钾肥过剩，果实耐贮性下降，枝条不充实，含水率增高，耐寒性降低；过量的钾会使氮的吸收受阻，抑制营养生长，影响产量和品质；还会使镁的吸收受阻，发生缺镁症，并降低对钙的吸收。

4. 钙

钙是细胞壁的重要成分，在树体内起着平衡生理活动的作用。可以减轻土壤中钾、钠、氢、锰、铝等离子的毒害作用，使花椒正常的吸收铵态氮，促进树体的生长发育。缺钙根系受害，枝条枯死，花朵萎缩，易发生果实生理病害，贮藏期缩短。钙含量过高，使铁、锰、锌、硼等呈不溶性，导致树体缺素症发生。

5. 镁、铁、硼、锌、锰、钼等微量元素

镁是叶绿素的成分之一，可促进磷的吸收和同化，促进果实肥大，提高品质；缺铁影响叶绿素的形成；硼能促进花芽萌动和花粉管的生长，对子房发育也有作用，从而促进授粉受精，增加坐果率，因此，花蕾期喷硼，能显著提高坐果率，提高产量；锌与生长素合成有关，缺锌植物也缺生长素，影响坐果；锰可提高果实含糖量和维生素的含量。

（二）营养元素之间的相互关系

花椒生长发育需要多种元素，所以，肥料不能单一施用，而且要注意元素间的比例关系。在各种元素之间存在着协同作用或拮抗作用。当某一元素增加，另一些元素随之也增加的称协同作用；当某一元素增加，其他元素减少，这种现象称为元素的拮抗作用。如氮与钾、硼、铜、锌、磷等元素之间存在拮抗作用。施用氮肥，不能相应施用上述肥料，树体内铜、锌、磷等元素含量就相应地减少。

在生产上，在施用氮肥时，如不相应地增加磷、钾肥，就会出现氮过剩，磷、钾不足，就会强化营养生长，削弱生殖生长而造成枝叶徒长，降低坐果。反之，氮不足，又会出现磷、钾过剩，也会造成花椒生长发育不利。常用的有机肥料，如人畜粪、堆肥、作物秸秆、有机垃圾等营养较全面，肥效期长，对土壤结构也有改良作用，在九叶青花椒的肥水管理中以有机肥为主，配合无机肥施用，常会获得意外的效果。

植物在生长过程中某种元素过量或不足均会首先表现在花、叶、果上，从而出现相关的症状，我们称为营养失调症，在此不做专门讲解，在营养失调症章节做专题描述。

二、九叶青花椒的施肥时期、施肥种类及方法

（一）花椒施肥时期的确定

主要根据九叶青花椒的物候期特点及营养需求和肥的种类来确定。

1. 九叶青花椒需肥期

九叶青花椒需肥时期与自身各个器官在一年中的生长发育动态是一致的。树体养分首先满足生命活动最旺盛的器官，即生长中心。随着物候期的进展养分分配中心随之转移。在年周期中，萌动期、花蕾期、果实发育期、抽梢期、花芽分化期等都是花椒需肥的关键时期，这几个时期供肥的数量和质量，以及是否及时供应将会影响当年和次年的产量。

花椒在各个物候期内对氮、磷、钾三元素的吸收是有规律性地变化的。一般萌芽抽梢展叶时，需氮最多；在生长中期的果实迅速膨大期，钾的需要量增加，80% ~ 90%的钾在此期吸收；磷的吸收在生长初期最少，花期逐渐增多，以后无多大变化。

2. 肥料的性质

不同种类肥料的性质不同，施肥早迟应有所不同。氮易挥发流失，应在花椒需肥时才施入。有机肥腐烂后才被根系吸收，应作为基肥施入。

（二）施肥目的、时期、种类、量与方法

1. 挂果椒树

（1）基肥：亦称"采果肥"或"月母肥"。

① 施肥目的：其主要目的是促进采果修剪后，新枝快速萌发，培养来年有效挂果枝，为促进花芽分化，提高次年产量，增进果实品质提供强大的枝叶群保障。

② 施肥时间：采果前一周施用最好。施肥后一周进行采果修剪，其营养刚好被根系吸收至树体骨架枝组部位，采果时将当年挂果枝全部（或部分）剪除，其吸收的营养正好用于花椒此时的生长中心——新梢的抽发，有利于修剪后的萌芽和新枝生长，为培养来年有效挂果枝提供营养保证。同时对促进花芽分化，提高次年坐果，增进果实品质发挥重要的作用。

③ 施肥种类：在实际生产中进行技改和矮化密植的椒园，选择在夏季重剪（5月中旬至7月上旬前）前一周以施速效肥（如尿素肥或目前以氮为主要成分的冲施肥）为主、有机肥为辅，作为一次性基肥补给，以促进新枝抽生取得良好效果。

④ 施肥量：根据树的大小确定用肥量，鲜花椒单株产量在3公斤以下的每株施0.1 ~ 0.2斤尿素肥，鲜花椒单株产量在3 ~ 5公斤的每株施0.2 ~ 0.3斤尿素肥，鲜花椒单株产量达5公斤以上的每株可适当增加用量，但原则上不能超过0.6斤。

⑤ 施肥方法：撒施或配制成水溶液后浇施。如施肥时雨水充足，可在雨后将尿素肥均匀撒在椒树的树盘中，如天旱少雨，可将尿素肥溶解于水中配制成水溶液进行浇施。在笔者指导的椒园中，选择撒施后灌园的方式取得十分理想的效果。

（2）追肥：亦称"补肥"，是在生长期内根据花椒各物候期的需肥特点及时补充肥料。追肥次数因树种、树龄、土壤、气候而定，一般每年3 ~ 5次。

① 花序分化期肥：花芽分化过程从前一年经重剪后新生枝条形成后的花序分化原基质积累而开始，通常在7月下旬至9月中旬是花序分化原基质积累的时间（随着气温的变暖，其时间有不同程度的延长），花序分化原基质积累是否充分决定着来年的丰产性，此时虽然椒树在基肥的作用下仍能正常进行分化积累过程，但为了强化花序分化原基质积累过程，原则上仍需进行追肥。

　　a. 施肥目的：促进花序分化原基质积累，培养的挂果枝花序分化原基质积累越充分，其在以后的花芽分化过程中就具备了充足的物质保证，花芽分化就越充分，第二年的花和果就越多；同时此期施肥是保证花椒冬季不落叶的重要措施。

　　b. 施肥时间：通常选择在每年的8月20日至9月10日。9月左右是花序分化原基质积累最集中的时间，此期施肥有利于保证花序分化原基质积累的充分。

　　c. 施肥种类：选用过磷酸钙和氯化钾（按100∶3配比）或选用钙镁磷肥和氯化钾（按100∶5.8配比）进行花序分化期施肥。在生产中选用硝基钾宝冲施进行冲施，效果显著。

　　d. 施肥量：根据树的大小确定用肥量，鲜花椒单株产量在3公斤以下的每株施0.5～0.8斤过磷酸钙和氯化钾混合肥或0.3～0.5斤硝基钾宝，鲜花椒单株产量在3～5公斤的每株施0.8～1.2斤过磷酸钙和氯化钾混合肥或0.5～0.8斤，鲜花椒单株产量达5公斤以上的每株可适当增加用量。

　　e. 施肥方法：磷酸钙和氯化钾混合肥均匀撒施在树盘中，硝基钾宝可在雨前均匀撒施在树盘中也可撒施后灌园。

　　② 打顶肥：打顶（培养的挂果枝摘心）时间是每年10月下旬至11月上旬，为保证打顶后的挂果枝营养贮备丰富，为提高来年产量做准备，此期施肥一般说来是要进行的。但如果椒树自身的营养贮备丰富，此期可以不施肥。

　　a. 施肥目的：可视椒树的长势来确定是否施用和用量，为提供经打顶后挂果枝营养贮备，为来年形成丰产打基础。

　　b. 施肥时间：进行摘心打顶前1周，通常选择在10月中旬至10月下旬。

　　c. 施肥种类：常选用含N 12%、P 18%、K 15%的复合肥。

　　d. 施肥量：根据树的大小确定用肥量或椒树自身枝叶群长势和营养贮备情况确定用量，一般情况可以根据鲜花椒单株产量确定，鲜花椒单株产量在3公斤以下的每株施0.1～0.2斤复合肥，鲜花椒单株产量在3～5公斤的每株施0.2～0.3斤复合肥，鲜花椒单株产量达5公斤以上的每株可适当增加用量，但原则上不能超过0.5斤复合肥。

　　e. 施肥方法：复合肥均匀撒施在树盘中。

　　③ 营养贮备肥（越冬肥）：培育的来年挂果枝在经过10月上旬摘心打顶后，需经过漫长的冬季，此时虽然花椒已经开始进入休眠期，但为了维持其缓慢的生长营养平衡需要，通过对营养的缓慢吸收贮备到挂果枝上，同时也为了培育的挂果枝在越冬过程中得到应有的木质化，为来年的丰产打下基础，因此在实践中施用少量肥作为花椒的越冬肥。如此时发现形成的挂果枝枝条木质化程度不高，切不可施用本次肥。

　　a. 施肥目的：可视椒树的长势来确定是否施用和用量，让挂果枝在越冬期中具有充足的营养贮备，为来年形成丰产打基础。

　　b. 施肥时间：11月上中旬（进入休眠期前）。

　　c. 施肥种类：常选用含N 15%、P 13%、K 17%的复合肥。

　　d. 施肥量：根据树的大小确定用肥量或椒树自身枝叶群长势和营养贮备情况确定用量，一般情况可以根据鲜花椒单株产量确定，鲜花椒单株产量在3公斤以下的每株施0.1斤复合肥，鲜花椒单株产量在3～5公斤的每株施0.2斤复合肥，鲜花椒单株产量达5公斤以上的每株可适当增加用量，但原则上不能超过0.4斤复合肥。

　　e. 施肥方法：复合肥均匀撒施在树盘中。

④ 花前肥（催芽肥）：花椒早春萌芽、开花主要消耗树体贮藏养分。若此时树体营养水平低，养分供应不足，则新梢生长缓慢，落花落果严重。因此，萌芽开花前追施肥，对促进萌芽开花整齐，提高坐果率，加速新梢生长有良好的作用。

a. 施肥目的：以促进花芽的正常发育为主，提高受粉率和挂果率。

b. 施肥时间：萌动期，一般选择在2月中旬至2月下旬。

c. 施肥种类：含N 15%、P 13%、K 17%三元复合肥（也可选用K含量24%的硝基钾宝，效果更佳）。

d. 施肥量：根据树的大小确定用肥量或椒树自身枝叶群长势和营养贮备情况确定用量，一般情况可以根据鲜花椒单株产量确定，鲜花椒单株产量在3公斤以下的每株施0.1斤复合肥，鲜花椒单株产量在3～5公斤的每株施0.2斤复合肥，鲜花椒单株产量达5公斤以上的每株可适当增加用量，但原则上不能超过0.4斤复合肥。

e. 施肥方法：复合肥均匀撒施在树盘中。

同时选择磷酸二氢钾100克、活性硼或高能硼20克，配兑15公斤水溶液于2月下旬至开花前每间隔7～10天雾喷1次，连续雾喷3～4次，以促进花粉管生长，提高授粉率，对实现丰产能获得意外的极好效果。

⑤ 膨果肥：谢花后，幼果迅速发育，新梢亦加速生长，都需要大量N、P、K素营养，是养分分配的紧张阶段。及时补肥，能加强新梢生长，提高光合效能，促进果实膨大。但此次追肥的数量与时间，要根据树势强弱，结果量多少酌情施肥或不施。一般初结果幼树此期不宜施肥，施肥反而加剧生理落果。树势弱，而结果多，此期要施肥。

a. 施肥目的：促进果实进入膨果期后快速膨，实现美果丰产。

b. 施肥时间：在膨果期，一般在4月下旬至5月中旬进行。

c. 施肥种类：含N 15%、P 15%、K 15%三元复合肥。同时使用尿素、磷酸二氢钾、亚磷酸钾、靓点进行叶面喷肥。

d. 施肥量：一般情况可以根据鲜花椒单株产量确定，鲜花椒单株产量在3公斤以下的每株施0.1斤复合肥，鲜花椒单株产量在3～5公斤的每株施0.2斤复合肥，鲜花椒单株产量达5公斤以上的每株可适当增加用量，但原则上不能超过0.4斤复合肥。

同时使用尿素、磷酸二氢钾、芸薹赤霉乙酸配兑水溶液，每间隔7～10天雾喷3～4次能取得良好的效果。

e. 施肥方法：撒施与雾喷结合。

2. 幼苗期施肥管理技术

幼苗期是指从种植开始至第一次进行挂果枝培养的这一时期，在幼苗期中，不到2年的时间内要完成骨架枝组群的培养工作，形成强大的骨架枝组群，为后期培养强大的挂果枝叶群，实现丰产提供强大的物质保证基础，因此在幼苗期肥水管理的好坏在一定程度上决定了培养的骨架枝组群是否强大、合理。此期施肥的时间、肥的种类、用肥量要根据幼苗期幼苗的生长情况特别是根冠比的情况来确定，原则上前期（也可称为促根期）在椒苗成活后要促进根系发育，强化根系生长的同时才能促进幼苗树势增大，此时通过施肥管理实现根冠比的增大为目的，中期（也可称为幼苗生长持续期）为幼苗根冠平衡生长发育期，通过施肥管理实现根冠比的相对平衡生长为目的，后期（也可称为幼苗秆茎增粗期）为骨架枝组快速增粗生长期，是为第一次进行留桩修剪培养挂果枝提供强大骨架枝组培养的关键时期，通常这一时期在培养挂果枝的当年上半年从萌动期开始至第一次培养挂果枝留萌芽桩修剪结束的这一时期。

（1）施肥目的：促进幼苗树势生长，快速形成强大的骨架枝组群。

（2）施肥时间：根据种植季节的不同，通常在种植后确定苗完全成活后开始施肥，选择在每个月的雨后施肥，每个月1~2次，根据气候、苗的长势进行调整。

（3）施肥种类：前期在椒苗成活后要促进根系发育，自然选择加大磷元素的含量，中期根冠同比生长，自然强化磷、氮元素的含量，后期加重钾元素含量。在生产中前期种苗成活后可选择2~3次尿素肥的施放，选择尿素肥一定要注意尿素肥的稳定性特别是以NH_3为原材料生产的尿素肥，一定要注意选择生产工艺相对较好的厂家，选用NH_3较稳定的产品进行施肥，不然容易引发烧根现象。随后可以选择磷含量略高、氮含量略低、钾含量略低的三元复合肥进行施放2~3次；在中期生长持续期可选择氮磷钾相当的三元复合肥施肥4~6次；在种植次年萌动期后可选择以钾肥为主要元素的复合肥类施放2~3次。在生产中从种苗成活开始一直至休眠期选择腐熟的鸡粪或其他人畜粪每月灌施1~2次，在次年萌动期后选择干草木灰撒施2~3次对幼苗期的生长效果十分理想，能形成强大的骨架枝组群，仅是施肥劳工费增加。

（4）施肥量：从种苗成活开始第一次施肥，原则上化学肥每株0.05~0.1斤，随时间的后延，植株的生长增加，施肥量也随之增长，有机肥根据植株情况确定施肥量，以少施勤施为原则。在同一片园地中，同期种植的椒苗在施肥中需改变传统大苗长势好的多施肥，长势差的少施肥的不良习惯，而是长势差的苗相对提高用肥量或增多施肥次数，以达到全园苗势生长一致的目的。

（5）施肥方法：从第一次施肥距苗秆15厘米画圈状施肥或等高线施肥，以后间距不断增大。

花椒施肥量常常受品种、树龄、树势和结果的多少，土壤和气候，栽培方式和管理技术等多种因素的影响，难以制订一个统一的标准。目前施肥量的确定，主要是根据叶片分析，再结合土壤分析，然后参考丰产园的施肥量来统筹考虑。因此施肥量的多少应当根据自己对椒园情况的掌握和椒树的生长情况、对营养需要的判断来决定，最关键的做到"看树施肥"就行了。

（三）花椒施肥的方法

1. 土壤施肥

土壤施肥必须根据根系分布特点、土壤质地、肥料种类等情况来确定施肥方法和施肥深浅，以利根系吸收，充分发挥肥效。

肥料在土壤中移动少，磷、钾肥基本不移动，因此，根际施肥应尽量分布整个根域。尤其磷钾肥宜施在根系分布集中区。有机肥料或发挥肥效缓慢的复合肥，应适当深施。常用土壤施肥方式是：

（1）环状施肥

这种方法适用于平地椒园。在树冠外围稍远处挖环状沟，沟宽30~40厘米、深10~15

厘米，将肥料均匀施入沟内，然后填土覆盖。一般多用于结果前的花椒幼树园。这是目前采用的最为常见的施肥方式。

（2）猪槽式施肥

这种方法与环状施肥类似，就是将环状沟中断为 3～4 段，呈猪槽式施肥沟。但是，值得注意的是使用这种方法每次施肥要更换施肥的位置。

（3）放射状施肥

在树冠下距主干 1 米左右的地方，顺树冠外方向呈放射状挖 4～6 条施肥沟，沟宽 20～30 厘米、深 10～15 厘米，将肥料施入，肥料浸入土壤后，再覆土。挖沟时注意，沟靠主干一端要浅，向外一端适当加深。宜每次更换挖沟位置，以扩大根系吸收面积。这种方法适宜于稀植大树的平地椒园。

（4）条沟施肥

在椒树行间、株间开沟施肥，沟宽 30～40 厘米、深 30 厘米，将肥料施入，肥料下浸后覆土。这种方法适宜于密植花椒园。

（5）穴状施肥

在树冠滴水线外，沿树周围挖施肥穴 3～5 个，直径 30 厘米、深 20～30 厘米，将肥料施入，肥料下浸后覆土。这种方法适宜于施追肥。

（6）灌溉式施肥

将易溶解的化肥溶于水中，用滴灌或喷灌方式施入土中。这种方法根系吸收面大，保护土壤结构，节省劳力，降低成本，是值得推广的方法。

以上 6 种土壤施肥方法，可结合花椒园的具体情况加以选用。但开沟开穴的施肥方式会造成花椒根系损伤，一般不能边开沟穴边施肥，而是开沟穴后一周施肥，此法笔者是不提倡的，在生产中笔者坚持使用平地的圈状撒施和坡地的等高线撒施，不开沟开穴不伤根，杜绝因施肥开沟穴引发花椒人为施肥根腐病的发生。

2. 根外追肥

（1）根外追肥的作用

根外追肥又叫作叶面喷肥，主要是利用叶片气孔和角质层的吸肥能力，将稀薄的肥料溶液喷布于叶片以及果实和枝干上，使营养元素直接进入树体的各个器官。根外追肥方法简单，用肥量少，见效迅速，能及时满足花椒树的急需；还可以避免某些元素（磷、钾、铁、锌、硼）在土壤中的化学的或生物的固定作用，因此，在生产上目前已经广泛使用。

（2）根外追肥的方法

叶面喷施后 15 分钟至 2 小时能吸收利用，24 小时吸收量达到 80% 以上，但吸收强度和速率与叶龄、肥料种类、浓度以及天气条件有关。夏季，喷肥时间最好在上午 10 时以前、下午 4 时以后，以免溶液因高温浓缩过快。根外追肥主要喷布在叶背面，因为叶背较叶面气孔多，叶背表皮下具有松散的海绵组织，细胞间隙大而多，有利于养分的吸收。花椒从 4—10月每隔半个月可进行一次根外追肥。

各营养元素根外追肥肥料种类及配制浓度如表3-2所示。

表3-2 各营养元素根外追肥肥料种类及配制浓度

肥料种类	配制浓度	备注
尿素	0.3%~0.5%	
硫酸铵	0.3%	
硝酸铵	0.3%	
腐熟人畜尿	5%~10%	
过磷酸钙	0.5%~1.0%	清水浸泡一昼夜浸提滤液
草木灰	1.0%~3.0%	清水浸泡一昼夜浸提滤液
磷酸二氢钾	0.2%~0.4%	
硫酸钾	0.3%~0.5%	
硝酸钾	0.3%~0.5%	
氯化钾	0.3%~0.5%	
柠檬酸铁	0.1%~0.2%	
硫酸锌	0.1%~0.2%	
氯化锌	0.2%	
硫酸锰	0.05%~0.1%	
氧化锰	0.15%	
硫酸镁	0.1%~0.2%	
硝酸镁	0.5%~1.0%	
硼酸（砂）	0.1%~0.2%	
钼酸铵	0.008%~0.03%	
钼酸钠	0.007 5%~0.015%	
硫酸铜	0.01%~0.02%	
高效复合肥	0.2%~0.3%	

目前，花椒叶面肥包括生物制剂技术运用的推广日新月异，特别是氨基酸类微量元素复合剂、芸薹素类微量元素复合剂、乙胺类微量元素复合剂及其他生物调节剂广泛用于花椒产业生产过程中，生产公司林立、种类繁多、商品名多样化，在选择购买时首先应当弄清其成分含量与功效，针对九叶青花椒该期的营养需要进行针对性叶面施肥，方可取得良好效果。

三、花椒肥料选购与贮藏

花椒在高效益的影响下，直接带动着花椒肥的生产，近几年来出现了种类繁多的花椒专用肥、开磷肥、开钾肥等一系列迎合椒农的所谓专用肥的系列肥料，不乏不少经销商为谋私利，销售伪劣肥料，从中牵扯取暴利的事时有发生。广大椒农面对这样一个混乱的肥料经营市场不知所措，无法决定其真伪，因此椒农在购买肥料时一定要学会花椒常用肥的真假识别办法。

（一）如何识别真假肥料

1. 从外观上鉴别真假肥料

（1）包装鉴别法

检查标志：国家有关部门规定，化肥包装袋上必须注明产品名称、养分含量、等级、商标、净重、标准代号、厂名、厂址、生产许可证标志。如果没有上述标志或标志不全，则可能是假冒或劣质化肥。

检查包装袋封口：对包装袋封口有明显拆封痕迹的化肥要特别注意，这种现象可能掺假。

（2）形状、颜色鉴别法

① 尿素为白色或淡黄色，呈颗粒状、针状或棱柱结晶体，无粉末或少有粉末。

② 硫酸铵除副产品外为白色晶状体。

③ 氯化铵为白色或淡黄色结晶。

④ 碳酸氢铵呈白色颗粒状结晶，也有个别厂家生产大颗粒扁球状碳酸氢铵。

⑤ 过磷酸钙为灰白色或浅灰色粉末。

⑥ 重过磷酸钙为深灰色、灰白色颗粒或粉末。

⑦ 硫酸钾为白色晶体或粉末。

⑧ 氯化钾为白色或红色颗粒。

（3）气味鉴别法

如果有强烈刺鼻氨味的液体是氨水；有明显刺鼻氨味的颗粒是碳酸氢铵；有酸味的细粉是重过磷酸钙。如果过磷酸钙有很刺鼻的酸味，则说明生产过程中很可能使用了废硫酸。这种化肥毒性很大，极易损伤或烧伤作物。有些化肥虽然是真的，但有效含量非常低，如劣质过磷酸钙有效磷含量低于 8%，不符合最低标准 12%，肥效极差，购买时一定要进行仔细鉴别。

2. 人工鉴别方法（表 3-3）

表 3-3　化肥的人工鉴别方法

肥料品种	含量标准/%	鉴别方法	现　象
尿素	总 N≥46	加热	白烟、氨味
硫酸铵	N≥20.8	加热	溶化、氨味
碳酸铵	总 N≥34.4	加热	燃烧、白烟、氨味
氯化铵	总 N≥22.5	加热	刺激性气味、白色烟雾
过磷酸钙	P_2O_5≥12	加热	微冒烟、酸味
碳酸氢铵	总 N≥34.4	用手摩擦	较强的氨气味
复合肥	总 N≥40	加热	白烟、氨味、不全部熔化
硫酸锌	Zn≥21.8	溶解	易溶于水
磷酸二氢钾	KH_2PO_3≥92	溶解	易溶于水

（二）如何选购叶面肥

与根部施肥相比，叶面肥具有能够迅速补充作物养分，提高肥料利用率的特点。尤其是当作物根部施肥不能够及时满足需要时，可以采用叶面喷施的方法迅速补充作物所需要的营养。如作物生长后期，根系活力衰退，吸肥能力下降时；作物生长过程中，表现出某些营养元素缺乏症时；当土壤环境对作物生长不利，作物根系吸收养分受阻时，喷施叶面肥会同样起到补充养分的作用。

叶面肥包括的品种很多，归纳起来有两大类：一是肥料为主，含几种或几十种不同的营养元素，这些营养元素包括氮、磷、钾、微量元素、氨基酸、腐殖酸等；二是纯植物生长调节剂或在以上肥料中加入植物生长调节剂。叶面肥是供植物叶部吸收的肥料，其使用方法以叶面喷施为主，有的也可以用来浸种、灌根。随着我国农业科技的发展，叶面肥市场也在逐渐扩大，目前获得农业部门登记证的产品已达200多种。选购和使用叶面肥应注意以下几个方面：

（1）叶面肥只是根部施肥的一种辅助方式，它代替不了根部施肥。特别是 N、P、K 等大量元素肥料，主要是通过根部施肥，也就是土壤施肥提供的。因此，使用叶面肥时不能忽视土壤施肥，只有在做好土壤施肥的基础上，才能充分发挥叶面肥的效果。目前，许多叶面肥中加入了植物生长调节剂，具有促进作物细胞分裂等作用，这就更需要加强水肥管理，以保证作物的需要才能使叶面肥的作用得以充分的发挥。

（2）选购叶面肥时要因土、因作物，叶面肥中的不同成分有着不同的功效，虽然说明书上都写着具有增产的作用，但其成分不同，使用后的效果不同，达到增产目的的方式也不同。如含有氨基酸的肥料具有改善作物品质的突出特点；含有黄腐酸的肥料则具有抗旱的效果；在石灰性土壤或碱性土壤上，铁多呈不溶性的三价铁，植物难以吸收，常患缺绿症；在红黄壤上栽培椒树，常发生某些微量元素不足，如缺锌，采用根外追肥可直接供给养分，避免养分被土壤吸附或转化，提高肥料效果。如果在不缺少微量元素的作物上喷施只含有微量元素的叶面肥或施的叶面肥不对口，就起不到原有的作用，且造成浪费。因此，在选购叶面肥时应注意其成分，根据需要购买。

（3）购买叶面肥时首先要看有没有农业部门颁发的登记证号，凡是获得了农业部门登记证的产品，都经过了严格的田间试验和产品检验，质量有所保障。

（三）如何保管肥料

保管肥料应做到"六防"：

（1）防止混放。化肥混放在一起，容易使理化性状变差。如过磷酸钙遇到硝酸铵，会增加吸湿性，造成施用不便。

（2）防标志名不符实。有的农户使用复混肥袋装尿素，有的用尿素袋装复混肥或硫酸铵，还有的用进口复合肥袋装专用肥，这样在使用过程中很容易出现差错。

（3）防破袋包装。如硝态氮肥料吸湿性强，吸水后会化为浆状物，甚至成液体，应密封存储，一般用缸或其他陶瓷容器存放，严密加盖。

（4）防火。特别是硝酸铵、硝酸钾等硝态氮肥，遇高温（200 摄氏度）会分解出氧，遇明火就会发生燃烧或爆炸。

（5）防腐蚀。过磷酸钙中含有游离酸，碳酸氢铵则呈碱性，这类化肥不要与金属容器或磅秤等接触，以免受到腐蚀。

（6）防肥料与种子、食物混存。特别是挥发性强的碳酸氢铵、氨水与种子混放会影响发芽，应予以充分注意。

科学选肥、合理贮藏是花椒产业生产者在生产中实现产业高效应当深思的问题，诚望广大椒农结合自身实际情况和椒苗生产情况以节约成本为前提，增大生产利润为目的，真正做到选择针对性强的高效农肥来实施管理，切不可盲从，严防上当受骗，给产业带来负面危害或造成严重经济损失。

四、花椒园灌水与排水

（一）灌　水

1. 水分与花椒生长结果的关系

水是椒树的重要组成成分。枝、干、叶片中水分含量为 50%～75%，根系 60%～85%，鲜果高达 70%～80%，碳水化合物仅占 6%～12%，其他物质一般不超过 1%。水是花椒生命活动必需的物质。花椒对营养物质的吸收、合成、运转、分配等一系列生理生化过程都必须有水的参与才能完成。水作为原料和介质，对花椒的光合、蒸腾，维持细胞的膨胀状态及其许多代谢反应，都起着重大的作用。据有关试验确证，山地椒园在炎热的夏季具有明显的"午休"现象。这种现象与光过剩，高温，水分亏缺等引起气孔关闭，呼吸增强有关。"午休"浪费了光条件最充足的光合作用时，严重影响了干物质的生产积累。所以，在"午休"来临前对花椒园灌水，可以打破花椒的"午休"现象，增加树体有机养分的积累。这也是建设花椒园要同步规划建"蓄水（粪）池"的道理。

2. 灌水时期

灌水时期的确定，当土壤含水量低于 60% 以下时，即需灌水。凭经验判断土壤含水量，如壤土和沙壤土，用手紧握形成土团，再挤压不易破碎，说明土壤湿度大，在最大持水量的 50% 以上，暂可不必灌水；如手指松开不能成团，表明土壤湿度太低，需立即进行灌水。如果是黏壤土，捏时能成团，但轻压易裂缝，需进行灌溉。特别是花椒树叶片出现轻微萎蔫时，是缺水的重要标志，要及时灌水。

九叶青花椒种植的主要地区重庆历年出现冬春干旱，夏秋伏旱，初夏（5—6月）又是阴雨绵绵。因此，冬春结合施肥灌水是促进花椒良好的花芽分化，减少落花落果的有效措施之一。夏秋根据伏旱程度，决定灌水次数和灌水的多少。

3. 灌水量

花椒园缺水后灌水，必须一次灌透，浸湿土层深达 0.4～0.8 米。如果只浸润表层，无论灌多少次所起的作用也不大，反而会引起土壤板结。

4. 灌水方法

花椒园灌水方法有：沟灌、手持皮管灌溉、喷灌等。

（二）排　水

适合九叶青种植的长江中下游地区 5—6 月份，阴雨绵绵，光照不足，容易引起花椒园积水、死树和落果，抓好椒园挖沟排水是管理的重要工作。

五、制订科学的土肥水管理措施方案

具体的椒园生产管理过程中，应当切合椒园自身实际情况、当地气候环境特征、土壤肥力等因素，综合考虑制订一套科学的实用于本椒园的全年椒园管理措施方案，本小节所述方案并非适用于所有椒园，因此不能套用，仅作为制订适合椒农椒园管理措施方案的参考。

（一）制订技术措施的原理或依据

1. 九叶青花椒适宜种植土壤

适宜 pH 6.8 ~ 8.0 均可，最佳土壤为沙壤土、遂宁质页岩土壤、喀斯特山地钙质土；忌黏、沙、盐碱、沼泽。

2. 九叶青花椒的生物学特征

肉质浅根，营养要分布面积大，直立根分布不深，喜肥，忌氯，耐旱不耐涝。

（二）技术措施标准及要求

1. 土壤、水分管理

适时中耕除草，中耕深度 10 ~ 20 厘米，以不伤根或少伤根为度；或窝抚，行间生草；或化学除草（该法不提倡）；高温干旱脚盘覆盖（青草或石块）；雨季注意及时排水；遇旱注意及时补水；避免椒园"积水"。

2. 施肥管理方案

（1）全年单株用肥量参考配方

① 农家肥（15 ~ 25 公斤）+尿素（150 ~ 200 克）+过磷酸钙 12%（200 ~ 250 克）；

② 硫酸钾型复合肥 45%（250 ~ 1 000 克）；

③ 尿素（150 ~ 200 克）+油枯（250 ~ 500 克）+硫酸钾型三元复合肥 45%（800 ~ 1 000 克）。

具体的施肥量要以每一个具体的花椒植株为对象，根据其立地、树龄、树势、叶片长势、物候期、期望产量等不同因素灵活增减肥料组分与用量。

（2）叶面追肥参考配方

尿素（0.3% ~ 0.5%）+磷酸二氢钾（0.3% ~ 0.5%）+高能硼（0.2% ~ 0.4%)喷雾。气温高，用低浓度；气温低，可用高浓度。建议结合每次防治病虫害喷雾一并进行。

（三）特殊要求与提示

1. 施肥原则（要诀）

不离水与土，兼看天地苗；氮磷钾配方，各期有侧重；辅以微量肥，细观苗情定；除非速溶肥，才在雨后撒。

2. 施肥方法

穴状、条沟、环状沟、放射状沟等，均匀撒施，浇水(粪）覆土。

3. 花椒所需的营养元素

共有 10 余种，主要包括氮、磷、钾等主要元素和钙、镁、铁、硼、锌、锰等微量元素。

（1）氮　氮肥能促进枝叶旺盛生长，增强树势，延缓衰老；提高叶片光合效能，稳花稳果，增加产量。

（2）磷　磷肥能促进花芽分化、果实发育和种子成熟，增进品质；提高根系的吸收能力，有利于新根发生，增强花椒抗寒抗旱能力。

（3）钾　适量钾素可促进果实肥大和成熟，促进糖的转化和运输，提高果实品质和耐贮性；可促进枝条加粗生长，组织成熟，增强抗旱、抗寒、耐高温和抗病的能力。

4. 花椒需肥时期

花椒需肥时期与花椒各个器官在一年中的生长发育动态是一致的。花椒在各个物候期内对氮磷钾三要素的吸收是有规律性的变化的。一般萌芽抽梢展叶时，需氮最多；在生长中期的果实迅速膨大期，钾的需要量增加，80%～90%的钾在此期吸收；磷的吸收在生长初期最少，花期逐渐增多，以后无多大变化。

第三节　九叶青花椒的土壤管理

大多数花椒园建在丘陵坡地上，这些地方土层瘠薄，结构不良，有机质含量低，不利于花椒的生长发育，这是导致目前花椒低产、遭遇干旱死树严重的重要原因之一。因此，花椒园土壤的深翻熟化和土壤管理不容忽视。

一、土壤改良

（一）花椒对土壤的要求

花椒在土壤肥沃深厚、结构良好、保水保肥、通气良好、温度适合、酸碱适宜、地下水位较低的条件下，才能良好地生长发育。

（二）花椒园土壤的深翻熟化

花椒园土壤深翻熟化后，对花椒根系和树冠有明显促进作用，对提高产量、增进品质、持续丰产都有稳定的和长期的效果。

1. 深翻对于土壤和花椒的作用

深翻结合施有机肥，可以改善土壤结构，尤其以改善深层土壤物理性状更为显著。花椒园土壤深翻后，能促进土壤团粒结构的形成，减轻土壤容重，提高土壤孔隙度，增强通气保水保肥能力，促进土壤微生物活动的加强，加速了难溶性营养物质转化为可溶性养分，从而使土壤中的水、肥、气、热得以全面改善，给花椒创造了良好的土壤环境。花椒园土壤深翻后，根系分布加深，水平根分布扩长发育，达到了丰产稳产之目的。

2. 深翻时期

花椒园土壤深翻一年四季均可进行，宜在气候温和，雨水较多，花椒地上部分生长缓慢，而根系进入生长高峰期前进行为宜。因此，花椒园土壤深翻宜在每年10月至次年2月下旬，采收后结合施肥进行效果最好。因为这时花椒地上部分生长缓慢或停止，养分开始积累，而且正值根系秋季生长高峰，伤口容易愈合并长出新根。

3. 深翻方法

（1）深翻扩穴：在栽植前未改土或定植穴过小的，在结合施基肥，挖环状沟或长形沟，逐年向外扩穴深翻。这种方法每次用工少，但需多年才能完成。

（2）隔行深翻：在花椒树行间每隔一行翻一行，分两年完成。深翻在树冠外围开深60～80厘米、宽70～100厘米的条沟。深翻时，把表土堆放好。回填压肥时，必须把吸收根处的板结土壤弄开，并把表土和较好的肥料放在吸收根周围，只有这样，才能把吸收根引向翻后的土壤中生长。这种方法伤根少。

花椒园大多数是紫色页岩，可用"放闷炮"爆破深翻。做法是：炮眼与地面呈65～75度，炮眼向树冠外，深1米，装药的原则是"底药多，盖药少，两头紧，中间松"。每炮装硝铵炸药200～300克，可爆破深1米、宽1.5～2米的范围，特别注意要放成"闷炮"，千万不要放成"冲天炮"打伤花椒树。

（3）全园深翻：这种方法一次需要劳力多，但翻后便于平整土地，有利于椒园耕作。

无论采用何种深翻方法，必须注意：

（1）深翻时应尽量少伤根。

（2）深翻必须压肥（野草、渣肥和有机垃圾等），把表土压埋在吸收根周围，才能起到改良土壤的作用。

（3）深翻后要立即灌水，使根系与土壤接触。若遇干旱要及时多次灌水，降雨多要及时排水，否则容易引起烂根。

二、土壤一般管理

1. 园地耕翻

耕翻一般多在秋季或春季进行，深 20 ~ 30 厘米，可松土保湿，减少杂草，消灭地下害虫等。园地耕翻必须注意：在椒树树冠滴水附近应浅耕，尽量少伤根。

2. 园地培土

土层浅薄的花椒园，在建园前可以先将定植穴周围的土壤收拢团堆，使土层厚度不低于 60 厘米，再把花椒苗定植于土堆上，在冬季或农闲时间利用塘泥或其他泥土对椒园进行土层加宽加厚。加土不宜过深，一般 10 厘米左右；否则易引起根系腐烂。

3. 中耕除草

中耕除草是中耕和除草两项措施同步进行，其目的是清除杂草，疏松土壤，改善土壤通气状况，促进土壤微生物活动，增强土壤的保水保肥能力。中耕除草次数应根据气候特点、杂草多少而定，一般全年 2 次，3 月进行树盘除草，10 月进行全园除草。中耕深度 10 ~ 20 厘米，以椒树主干为圆心，滴水线内原则上不考虑中耕，滴水线外呈放射状内浅外深的原则进行中耕。

4. 园地间作

在幼龄椒园间作豆类、蔬菜等绿肥，既可增加前期收入，又能抑制杂草生长，还可提高土壤肥力。间作切忌种植小麦、玉米等高秆作物或豇豆、菜豆等藤本作物，以免影响花椒苗的长势。笔者在指导新建椒园过程中，以间种地膜花生为主，收到较好的效果。

5. 园地覆盖

园地覆盖是指夏季高温季节利用谷壳、作物秸秆、青草等对树盘或全园进行覆盖。能起到降温保湿，促进根系良好发育的作用；冬春季节，采用黑色地膜覆盖，可提高地温，保持湿度，增加土壤二氧化碳含量，促进土壤微生物活动，改善土壤结构，确保根系良好发育，为次年生长结果打下良好基础。

6. 园地生草

园地生草是国外盛行的一种土壤管理办法。园地生草后，土壤不耕翻，可提高花椒树对钾、磷的吸收，夏季高温季节减少阳光对土表的直射，减缓土壤水分蒸发，提高椒园抗旱能力。如果在椒园种植一年生多花黑麦草，春天生长迅速繁茂，使其他杂草无隙可乘，初夏变黄结实避开了与花椒争夺肥水的矛盾。此法在花椒生产中，提倡推广。

7. 化学除草

化学除草主要指利用除草剂防除杂草。对于一年生杂草宜在杂草植株长到 15 厘米左右喷药；多年生杂草，在杂草生长旺盛期（7 ~ 8 月）施药效果较好。但是，此法在花椒生产中不提倡推广。如一定要使用，宜选择草胺磷系列和百草枯系列的除草剂。在喷洒时一定要注意尽可能避免喷洒到椒树叶片和枝干上，而出现药害。

一般椒园的全园除草工作可选择在每年的 3—4 月、9—10 月各进行一次。

第四节　九叶青花椒常见病虫害防治

花椒在我国栽培广泛，栽培区气候多样，病虫害种类多。现在已发现的害虫有 134 种、病害 20 余种。在害虫中，蛀干害虫有 33 种，主要有红颈天牛、黄带黑绒天牛、白芒锦天牛、橘褐天牛等；食叶害虫有 66 种，主要有花椒凤蝶、花椒跳甲、枸橘跳甲等；危害枝梢的害虫有 33 种，危害较重的有花椒蚜虫、山楂红蜘蛛、吹绵蚧等；根系害虫有 9 种，多危害幼苗，常见的有铜绿丽金龟、黄褐丽金龟等；危害果实的害虫仅发现 1 种：蓝桔潜跳甲。在病害中，危害花椒叶和果实的主要有花椒锈病、花椒叶斑病、炭疽病、煤烟病 4 种；危害花椒枝干的病害主要有花椒流胶病、干腐病、枝枯病、枝梢病 4 种。防治花椒病虫害首先认清病虫害种类，熟知害虫的生活史与生活习性以及病害发生的规律，然后确定合理的防治措施，选择适宜的药剂和防治时期，对症下药方能获得最佳的防治效果，将病虫害控制在不致造成危害的水平以下。

一、病虫害防治基本理论概述

（一）农作物病害基础理论

1. 农作物病害的相关概念

（1）病害的概念

农作物由于受到病原生物或不良环境条件的持续干扰，其干扰强度超过了能忍耐的程度，使农作物正常的生理功能受到严重影响，在生理上和外观上表现出异常，并造成经济上的损失，这种偏离了正常状态的农作物就是发生了病害。

（2）病害的病原和类型

① 病原的概念

引起农作物生病的直接原因简称病原。

② 病原的类型

病害的病原可分为两大类：

a. 生物性病原

生物性病原指以树木为寄生对象的一些有害生物，主要有真菌、细菌、病毒、线虫、寄生性种子植物。这是常见的五大类，统称为病原生物，简称病原物。其中病原真菌、病原细菌简称病原菌。它们都是寄生物，被寄生的树木叫寄主，习惯称之为寄主植物。凡是由生物性病原引起的树木病害都能相互传染，所以称传染性病害或侵染性病害，也称寄生性病害。

常见的传染性病害有以下几类：

叶片病害：褐斑病、霜霉病、灰斑病、圆斑病、斑点落叶病、白粉病、花叶病等。

果实病害：炭疽病、轮纹病、黑星病、白腐病、褐腐病、霉心病、锈果病等。

枝干病害：干腐病、腐烂病等。

根部病害：根腐病、圆斑根腐病、紫纹羽病、白绢病等。

b. 非生物性病原

非生物性病原是指一切不利于树木正常生长发育的气候、土壤、营养、有害物等因素。非生物性病原引起的树木病害是不能相互传染的，称为非传染性病害或非侵染性病害，也称为生理病害。

常见的非侵染性病害有以下几类：

果实病害：霜环病、水心病、苦痘病、虎皮病、缩果病、果锈、日烧等。

叶部病害：小叶病、黄叶病、叶枯等。

枝梢病害：抽条、枝枯、裂纹等。

根部病害：肥害、冻害、水分过多引起的沤根、根枯、死根等。

③ 病害发生的基本因素

农作物发生病害是植物与病原在特定的外界环境条件下相互斗争，最后导致农作物生病的过程。所以，影响农作物病害发生的基本因素（条件）是：病原、寄主植物和环境条件。

a. 病原

病原即引起农作物发病的直接原因。其中病原物大都是寄生物，被寄生的农作物称寄主。病原物的存在及其大量繁殖和传播是农作物病害发生发展的重要因素。因此，消灭或控制病原物的传播蔓延是防治农作物病害的重要措施。

b. 寄主植物（农作物）

农作物发生病害的第二个条件是必须有寄主植物的存在。当病原物侵染时，农作物本身并不是完全的被动状态。相反它要对病原物进行积极的抵抗。一旦病原物的力量强大，就可能发病；相反则不一定发病。也就是说，当农作物本身的抗病性强时，虽然有病原物的存在，但它有自身的防御能力，导致不发病或发病很轻。因此，在防治农作物病害时，常采用栽培抗病耐病品种和提高农作物的抗病性，作为防治农作物病害的主要途径之一。

c. 环境条件

病原物与农作物斗争的过程不是孤立地进行的，它们离不开自然环境，如一定的气候、土壤、地理环境等。环境条件一方面可以直接影响病原物，促进或抑制其发育；另一方面，也可以影响寄主植物（农作物）的生活状态，增加其感病性或抗病性。因此，当环境条件有利于病原物而不利于寄主植物（农作物）时，病害才能发生和发展；相反，当环境条件有利于寄主而不利于病原物时，病害就不会发生或受到抑制。

2. 农作物病害的症状和类型

（1）病害症状的概念

农作物生病后所表现的病态称为植物病害的症状。

（2）病害症状的分类

症状又可分为病状和病症。

病状是指农作物得病后其本身所表现的不正常状态，如变色、畸形、腐烂和枯萎等。

① 病状的类型

a. 变色：花叶，褪色，黄化，条纹、条斑、条点，白化苗。

b. 斑点（坏死）：叶斑，叶枯，叶烧，猝倒、立枯，溃疡。

c. 腐烂：干腐，湿腐，软腐。

d. 萎蔫：枯萎，黄萎，青枯。

e. 畸形：增生型、肿瘤或癌肿、丛枝、发根；增大型，根结、徒长恶苗；减生型，矮化、小叶、小果、卷叶；变态（变形）；花变叶、叶变花。

② 病症的类型

病症是指病原物在农作物上表现出来的特征性结构。病症是引起农作物发病的病原物在病部的表现，如霉层、小黑点、粉状物等。

a. 霉状物：真菌病害常见特征，有霜霉、灰霉、青霉、绿霉、赤霉、黑霉等颜色。

b. 粉状物：真菌病害常见特征，有白粉病、黑粉病、锈病。

c. 小黑点：真菌病害常见特征，有分生孢子器、分生孢子盘、分生孢子座、闭囊壳、子囊壳等。

d. 菌核：真菌病害中丝核菌和核盘菌常见特征，较大、深色、越冬结构。

e. 菌脓：细菌病害常见特征，菌脓失水干燥后变成菌痂。

农作物发生病害迟早都表现有病状，但不一定表现病症。

注意：由于植物病毒是细胞内寄生物，因此只有病状，而不产生病症。

（3）症状的变化

① 典型症状

一种病害在不同阶段或不同抗病性的品种上或者在不同的环境条件下出现不同的症状，其中一种常见症状成为该病害的典型症状。

② 综合症状

有的病害在一种树上可以同时或先后表现两种或两种以上不同类型的症状，这种情况称为综合征。

③ 并发症状

当两种或多种病害同时在一株农作物上混发时，可以出现多种不同类型的症状，这种现象称为并发症。有时会发生彼此干扰的拮抗现象，也可能出现加重症状的协生作用。

④ 隐症现象

病害症状出现后，由于环境条件的改变，或者使用农药治疗后，原有症状逐渐减退直至消失。隐症的农作物体内仍有病原物存在，是个带菌植株，一旦环境恢复或农药作用消失，隐症的植物还会重新显症。

3. 农作物非侵染性病害

农作物的非侵染性病害是由于农作物自身的生理缺陷或遗传性疾病，或由于在生长环境中有不适宜的物理、化学等因素直接或间接引起的一类病害。

它和侵染性病害的区别在于没有病原生物的侵染，在农作物不同的个体间不能互相传染，所以又称为非传染性病害或生理病害。

（1）农作物的非侵染性病害的病原

① 环境中的不适宜因素

a. 物理因素：温度、湿度和光照等气象因素的异常；

b. 化学因素：土壤中的养分失调、空气污染和农药等化学物质的毒害等。

② 农作物自身遗传因子或先天性缺陷引起的遗传性病害，虽然不属于环境因子，但由于没有侵染性，也属于非侵染性病害。

（2）非侵染性病害的诊断

① 诊断的目的：查明和鉴别农作物发病的原因，进而采取相应的防治措施。

② 诊断方法：现场调查、排除侵染性病害、治疗诊断。

③ 非侵染性病害的主要特点：

a. 没有病症。

b. 成片发生。

c. 没有传染性。

d. 可以恢复。

生理性病害与病毒病因为均无病症，容易混淆，区别是一般病毒病的田间分布是分散的，且病株周围可以发现完全健康的植株，生理病害常常成片发生。

4. 非侵染性病害和侵染性病害的关系

非侵染性病害使农作物抗病性降低，利于侵染性病原的侵入和发病，如冻害不仅可以使细胞组织死亡，还往往导致农作物的生长势衰弱，使许多病原物更易于侵入。

侵染性病害有时也削弱农作物对非侵染性病害的抵抗力，如落叶病害不仅引起农作物提早落叶，也使农作物更容易受冻害和霜害。

加强栽培管理，改善树木的生长条件，及时处理病害，可以减轻两类病害的恶性互作。

5. 农作物病害综合防治

坚持"预防为主、综合防治"的方针。

（1）植物检疫

植物检疫是通过法律、行政和技术的手段，防止危险性植物病、虫、杂草和其他有害生物的人为传播，保障农林业的安全，促进贸易发展的措施。它是人类同自然长期斗争的产物，也是当今世界各国普遍实行的一项制度。由此可见，植物检疫是一项特殊形式的植物保护措施，涉及法律规范、国际贸易、行政管理、技术保障和信息管理等诸多方面，为一综合性的管理体系。

植物检疫是一项传统的植物保护措施，但又不同于其他的病虫防治措施。植物保护工作包括预防或杜绝、铲除、免疫、保护和治疗等五个方面。植物检疫是植物保护领域中的一个重要部分，其内容涉及植物保护中的预防、杜绝或铲除的各个方面，也是最有效、最经济、最值得提倡的一个方面，有时甚至是某一有害生物综合防治（IPM）计划中唯一一项具体措施。但植物检疫具有的特点却不同于植物保护通常采用的化学防治、物理防治、生物防治和农业防治等措施。其特点是从宏观整体上预防一切（尤其是本区域范围内没有的）有害生物的传入、定植与扩展。由于它具有法律强制性，在国际文献上常把"法规防治""行政措施防治"作为它的同义词。中国的植物检疫始于20世纪30年代。

植物检疫学：它是一门为保护植物的健康，阻止某些对植物（含种子、种苗等繁殖材料及植物产品，下同）有严重危害的有害生物随植物或其他应检物调运而传播，对有害生物进行风险分析，提出检疫对策、制定与执行检疫法律、法规的科学。主要研究有害生物的生物学、生态学、流行学、防治学；研究它们的检验和检测技术及相关的杀灭与除害等检疫处理。因此植物检疫学是一门与法律、法规和与贸易密切相关的综合性科学，是植物保护领域中的新兴学科。它是与法律学、政治经济学、商品贸易学、植物学、动物学、昆虫学、生态学、微生物学、植物病理学、分子生物学、地理学、气象学、信息学等许多学科有关的一门学科。

检疫法规以某些病原物、害虫和杂草等的生物学特性和生态学特点为理论依据，根据它们的分布地域性、扩大分布为害地区的可能性、传播的主要途径、对寄主植物的选择性和对环境的适应性，以及原产地天敌的控制作用和能否随同传播等情况制订，其内容一般包括检疫对象、检疫程序、技术操作规程、检疫检验和处理的具体措施等，具有法律约束力。法规对进口植物材料的大小、年龄和类型，检疫对象的已知寄主植物、转主寄主、第二寄主或贮主，包装材料以及可以或禁止从哪些国家或地区进口，只能经由哪些指定的口岸入境和进口时间等，也有相应的规定。此外，国际签订的协定、贸易合同中的有关规定，也同样具有法律约束力。

凡属国内未曾发生或曾仅局部发生，一旦传入对本国的主要寄主作物造成较大危害而又难于防治者；在自然条件下一般不可能传入而只能随同植物及其产品，特别是随同种子、苗木等植物繁殖材料的调运而传播的病、虫、杂草等均定为检疫对象。确定的方法一般先通过对本国农、林业有重大经济意义的有害生物的危害性进行多方面的科学评价，然后由政府确定正式公布。有的列出总的统一名目，在分项的法规中针对某种（或某类）作物加以指定；也有的是在国际双边协定、贸易合同中具体规定。

检疫检验按检验场所和方法可分为：入境口岸检验、原产地田间检验、入境后的隔离种植检验等。隔离种植检验，是在严格隔离控制的条件下，对从种子萌发到再生产种子的全过程进行观察，检验不易发现的病、虫、杂草，克服前两种方法的不足。

通过检疫检验发现有害生物，可采取禁止入境、限制进口、进行消毒除害处理、改变输入植物材料用途等方法处理。一旦危险性有害生物入侵，则应在未传播前及时铲除。此外，在国内建立无病虫种苗基地，提供无病虫或不带检疫性有害生物的繁殖材料，是防止有害生物传播的一项根本措施。

（2）选育和利用抗病品种

在各种农作物中不断进行选育工作，以此来提高品种的抗病性。为在选择种植品种时提供了广阔的选择空间。

（3）农业防治法

农业防治法就是根据农业生态系统中害虫(益虫)、作物、环境条件三者之间的关系，结合农作物整个生产过程中一系列耕作栽培管理技术措施，有目的地改变害虫生活条件和环境条件，使之不利于害虫的发生发展，而有利于农作物的生长发育；或是直接对害虫虫源数量起到经常的抑制作用。

① 农业防治法的特点

a. 农业防治法的作用是多方面的，对于控制田间生物群落，控制主要害虫的种群数量，控制作物危险与害虫盛发期的相互关系等均有可能发挥作用。

b. 农业防治法在绝大多数情况下均结合必要的栽培管理技术措施进行，不需要为防治害虫增加额外的人力，物力的负担。

c. 农业防治法还可以避免因大量地长期施用化学农药所产生的害虫抗药性，环境污染以及杀伤有益昆虫的不良影响。

d. 农业防治法往往比较容易贯彻推行，防治规模也较大，具有相对稳定和持久的特点，这符合综合防治充分发挥自然因子控制作用的策略原则。

② 农业防治法的局限性

a. 农作制的设计和农业技术的采用首先要服从丰产的要求，有时这些要求会与某些害虫的防治措施会产生矛盾。

b. 各地的农作制和农业技术措施，是在当地长期生产实践过程中形成的，如要加以改变必须全面考虑，因地制宜推行。同时，农业防治的作用表现缓慢，要做好宣传工作，否则不易为群众所接受。

c. 农业防治所采用的措施，往往地域发，季节性较强，防治效果也不如化学防治快。因此，在害虫已大量发生为害时，不能及时解决问题。

③ 农业防治法的措施

a. 耕作制度的改进和作用，实行合理的轮作。

b. 兴修水利，大搞农田基本建设，改变害虫生活环境条件。

c. 整地，施肥等有关措施的运用。

d. 播种期，播种密度，播种深度等播种技术的改进。

e. 加强田间管理，使其有利于作物的生长发育，而不利于害虫的发生发展。

（4）生物防治

生物防治就是利用一种生物对付另外一种生物的方法。

① 生物防治的类别

生物防治，大致可以分为以虫治虫、以鸟治虫和以菌治虫三大类。它是降低杂草和害虫等有害生物种群密度的一种方法。它利用了生物物种间的相互关系，以一种或一类生物抑制另一种或另一类生物。它的最大优点是不污染环境，是农药等非生物防治病虫害方法所不能比的。生物防治的方法有很多，如：

a. 利用天敌防治。每种害虫都有一种或几种天敌。

设在马尼拉的国际水稻研究所组织的一个科学家小组，研究了使用农药对菲律宾水稻和水稻种植者的影响。该研究所得出的结论是："使用农药弊大于利，处理农药引起的保健问题的费用总是超过农药为作物带来的好处。"

这个研究小组的科学家正在试验如何减少使用农药，它们估计全世界生产的农药一年耗资至少200亿美元。他们提倡利用益虫吃害虫的以虫治虫和用其他天然方法消除害虫。

例如，国际研究人员有对付小菜蛾的强大武器——比它还小的蜂。小菜蛾在日本是对农作物破坏性最大的害虫。它的幼虫吞食茎椰菜、结球甘蓝、花椰菜、小萝卜和抱子甘蓝。小菜蛾已适应化学杀虫剂。

小菜蛾的天敌蜂很小，不用放大镜是难以看见它的。它在产卵时，会把卵下在小菜蛾幼虫体内。当蜂卵孵化成幼蜂时，幼蜂便会吃掉小菜蛾的幼虫。如果把一种常用的不污染环境的天然杀虫剂与这种以虫治虫的方法一起使用，效果更佳。

b. 利用作物对病虫害的抗性防治。即选育具有抗性的作物品种防治病虫害，如选育抗马铃薯晚疫病的马铃薯品种、抗麦秆蝇的小麦品种等。

此外，利用耕作方法防治、利用不育昆虫防治和遗传防治等也获得了成功。

利用生物防治病虫害，不污染环境，不影响人类健康，具有广阔的发展前景。

② 生物防治的内容

生物防治是利用有益生物或其他生物来抑制或消灭有害生物的一种防治方法。内容包括：

a. 利用微生物防治。常见的有应用真菌、细菌、病毒和能分泌抗生物质的抗生菌，如应用白僵菌防治马尾松毛虫（真菌），苏云金杆菌各种变种制剂防治多种林业害虫（细菌），病毒粗提液防治蜀柏毒蛾、松毛虫、泡桐大袋蛾等（病毒），5406防治苗木立枯病（放线菌），微孢子虫防治舞毒蛾等的幼虫（原生动物），泰山1号防治天牛（线虫）。

b. 利用寄生性天敌防治。主要有寄生蜂和寄生蝇，最常见有赤眼蜂、寄生蝇防治松毛虫等多种害虫，肿腿蜂防治天牛，花角蚜小蜂防治松突圆蚧。

c. 利用捕食性天敌防治。这类天敌很多，主要为食虫、食鼠的脊椎动物和捕食性节肢动物两大类。鸟类有山雀、灰喜鹊、啄木鸟等捕食害虫的不同虫态。鼠类天敌如黄鼬、猫头鹰、蛇等，节肢动物中捕食性天敌有瓢虫、螳螂、蚂蚁等昆虫外，还有蜘蛛和螨类。

利用生态系统中各种生物之间相互依存、相互制约的生态学现象和某些生物学特性，以防治危害农业、仓储、建筑物和人群健康的生物的措施。

③ 生物防治的主要方法有：

a. 利用天敌防治

利用天敌防治有害生物的方法，应用最为普遍。每种害虫都有一种或几种天敌，能有效地抑制害虫的大量繁殖。这种抑制作用是生态系统反馈机制的重要组成部分。利用这一生态学现象，可以建立新的生物种群之间的平衡关系。目前用于生物防治的生物可分为三类：

（a）捕食性生物，包括草蛉、瓢虫、步行虫、畸螯螨、钝绥螨、蜘蛛、蛙、蟾蜍、食蚊鱼、叉尾鱼以及许多食虫益鸟等。

（b）寄生性生物，包括寄生蜂、寄生蝇等。

（c）病原微生物，包括苏芸金杆菌、白僵菌等。在中国，利用大红瓢虫防治柑橘吹绵蚧，利用白僵菌防治大豆食心虫和玉米螟，利用金小蜂防治越冬红铃虫，利用赤小蜂防治蔗螟等都获得成功。

在美国，利用苏芸金杆菌防治落叶松叶蜂、舞毒蛾、云杉芽卷叶蛾；过去在苏联，利用核型多角体病毒和颗粒体病毒防治美国白蛾等，也获得成功。

b. 利用作物对病虫害的抗性

选育具有抗性的作物品种防治病虫害，如选育抗马铃薯晚疫病的马铃薯品种、抗花叶病的甘蔗品种、抗镰刀菌枯萎病的亚麻品种、抗麦秆蝇的小麦品种，都已经取得成果。作物的抗虫性表现为忍耐性、抗生性和无嗜爱性。忍耐性是作物虽受有害生物侵袭，仍能保持正常产量；抗生性是作物能对有害生物的生长发育或生理机能产生影响，抑制它们的生活力和发育速度，使雌性成虫的生殖能力减退；无嗜爱性是作物对有害生物不具有吸引能力。

c. 耕作防治、不育昆虫防治和遗传防治

耕作防治就是改变农业环境，减少有害生物的发生。不育昆虫防治是搜集或培养大量有害昆虫，用γ射线或化学不育剂使它们成为不育个体，再把它们释放出去与野生害虫交配，使其后代失去繁殖能力。美国佛罗里达州应用这种方法消灭了羊旋皮蝇。遗传防治是通过改变有害昆虫的基因成分，使它们后代的活力降低，生殖力减弱或出现遗传不育。此外，利用一些生物激素或其他代谢产物，使某些有害昆虫失去繁殖能力，也是生物防治的有效措施。

④ 生物防治的意义

由于化学农药的长期使用，一些害虫已经产生很强的抗药性，许多害虫的天敌又大量被杀灭，致使一些害虫十分猖獗。许多种化学农药严重污染水体、大气和土壤，并通过食物链进入人体，危害人群健康。利用生物防治病虫害，就能有效地避免上述缺点，因而具有广阔的发展前途。

（5）物理防治法

物理防治是一个发展时间较长又较容易掌握的防治方法之一。它是用物理措施，诸如热、光、放射线、湿度、气压、机械等方法来减轻或消灭病虫害的方法。但是在相当一段时间内，特别是近些年来，由于科学的进步和化学工业的飞速发展，高效低毒新农药广泛使用，加之现代生物技术在农业上的成功应用，病虫害的物理防治法被忽视了。这样阻碍了该技术的推广和运用。

（6）化学防治

化学防治相对于其他防治方法，其突出的优点是：

① 高效

在正常情况下，田间防治效果可达 90% 以上，而在温室仓库等空间较小且较密闭的场所用熏蒸法施药，防治效果可达 100%。

② 速效

常用的化学农药，尤其是杀虫剂，从施药到药效发挥所需时间很短，甚至几分钟就见效，这对于防治一些暴食性害虫（如蝗虫等及时防治，减少损失）有特殊意义。

③ 方便

由于有各种各样的剂型及匹配的施药器械，因而可以在各种条件下灵活地采用合适的施药方法。

④ 适应性广

大多数农药品种的施用没有地域及生物种群的限制，即可根据防治对象、保护对象、环境条件、农药品种、剂型及药械等方面的不同而设计出相应的配套方案和使用方法。此外，农药可以大规模工业化生产，产量和质量容易得到保证，品种及剂型繁多，可供选择的余地大。

⑤ 经济效益显著

农药防治高效而且及时，因而经济效益显著。投入与产出比，一般在 3～4 倍，甚至可达到 30～50 倍（比如在药卉、果树、药材等经济作物上施用）。

然而事物总是一分为二的，尽管化学防治有上述突出优点，但也存在着一些不足之处，特别是部分杀虫剂，加之人为不合理施用，使这些不足之处尤为突出，主要有下述几个方面：

① 对非靶标生物的直接毒害

绝大多数农药都是有毒物质，特别是某些杀虫剂，对哺乳动物的毒性很大。这些农药在生产、运输、保管、销售及使用过程中稍有不慎就会造成人畜中毒，乃至死亡（急性中毒、农药残毒、致癌问题、污染环境）。

农药对被保护的农作物造成伤害（药害）的事件也时有发生，尤其是使用除草剂，如果对施用剂量、作物生育期、环境条件等考虑不周，则有可能使农作物和杂草同归于尽。

害物的天敌，如害虫的捕食性天敌（如蜘蛛、青蛙、胡蜂、瓢虫等）及寄生性天敌（各种寄生蜂、寄生蝇、线虫等），在害虫的自然控制中起着相当重要的作用。由于目前使用的杀虫剂大多数还缺乏选择性，在杀死害虫的同时往往也将这些天敌杀伤，因而造成害虫再猖獗危害及次要害虫上升危害。

此外，农药对传粉昆虫，对鱼、贝等水生生物，对养蚕及对土壤微生物等都有不良影响。

② 对环境的污染

全世界每年要销售200多万吨农药（以 ai 计），如此大量的农药施于农田后，其"归宿"主要有两个方面：一是分解成无毒无害的化合物；二是残存于人类赖以生存的环境之中。残存于土壤、水源、大气以及农作物及其收获物中的农药会对人类和环境产生深远的影响，特别是一些性质稳定的杀虫剂还可能给人类带来慢性毒性问题。

例 DDT、BHC 半衰期为 2~4 年，比有机磷（0.02~0.2 年）、氨基甲酸酯类（0.02~0.1 年）高几十倍至上百倍，造成生物富集。1974 年我国在茶叶上禁用 DDT、BHC，20 世纪 80 年代初仍有 BHC 等残留（我国于 1983 年禁用）。杀虫脒有潜在致癌危险性，于 1993 年禁用。

③ 导致害物产生抗药性

由于农药的不合理使用，害物，特别是害虫、鼠类及病原菌很快就会对农药产生抗药性。以害虫为例，抗药性产生后，若要有效地防治该害虫，势必要成倍地加大用药量，而加大用药量又带来三个问题：

a. 害虫的抗药性更强；

b. 加大农户的农业投入；

c. 加重环境污染和对非靶标生物的伤害。

抗性发展到一定程度，会造成防治无效，药剂被淘汰，这将使农药工业蒙受巨额损失。因为一个新农药品种的开发要耗费 0.8~1 亿美元，历时 7~10 年时间。

6. 防治植物病害的策略

（1）消灭或抑制病原物；

（2）提高寄主植物的抗病性；

（3）控制环境条件，使之不利于病原物而利于植物。

综合防治是从农业生产的全局或农业生态的总体观点出发，创造不利于病害发生为害，而有利于植物生长发育和有益生物存在繁殖的条件，因地制宜，合理应用植物检疫，农业、生物、物理、化学等防治措施，进行综合防治。经济、安全、有效地把病害控制在不能造成危害的程度，同时把整个农业生态系内的有害副作用，减少到最低限度。

（二）农作物虫害基础理论

1. 农作物虫害的相关概念

（1）虫害的概念

虫害是指害虫为害造成了作物的经济损失的现象。

（2）农作物发生虫害的条件

① 必须有害虫的虫源。虫源是指有害虫的来源。取食农作物的昆虫中只有1%～5%的种类能造成虫害，而95%～99%的种类的种群数量通常较低，1%～5%的种类对作物造成的损害有以下情况：

a. 常年发生，其种群数量总是处于作物损害水平之上；

b. 间歇性猖獗为害，有的年份造成严重为害，有的年份发生轻。

害虫取食对作物来说是一逆境选择压力，有些作物可以通过自身的补偿、增殖和耐害能力以减轻或抵消这种选择压力来保证自身的生长、发育和繁殖。95%～99%的种类种群数量处于低虫口密度的原因是复杂的，但主要是天敌因素、种间竞争、对食物选择性程度的差异、对农田小生境的适应能力不同等。如果农田生态系统的组成有所变动，在这些种类中有的种类可能转为主要害虫。

② 害虫必须在有利的环境条件下，繁殖发展到足以危害农作物生产的群体数量。在相同的环境条件下，虫源发生基数越多，发生虫害的可能性越大。害虫必须在有利的环境条件下，繁殖发展到足以危害农作物生产的数量。

③ 有些害虫只能在其寄主作物一定的生育期才能为害或为害程度更加严重。

2. 昆虫与害虫

（1）昆虫的种类及分布

在地球的生物圈内，已知生活着200多万种形形色色的生物，这些生物按现代生物科学的意见，可以划分为六大类群：病毒界、原核生物界、原生生物界、植物界、真菌界和动物界。此系统称为生物的六界系统。而昆虫差不多占整个动物种类的2/3，有100多万种，"昆"字就是"众多""细小"及"小虫"的意思。昆虫不仅种类多，而且同种昆虫的个体数量也非常大，如有人统计过一窝白蚁就有250多万个体。昆虫的分布也很广，在地球上，从两极到赤道，从平原到高山，从海洋到沙漠，从地下到天空，各个地方都有它们的"足迹"。昆虫的形态也是形形色色的，同一种昆虫还会有不同的形态。昆虫的食料也是极复杂的，有吃植物的（植食性），有吃动物的（肉食性），还有吃腐败食物的（腐食性）。它们的生活环境也很多样，绝大部分昆虫是陆生的，有一小部分是完全生活在水中，另一小部分只有幼虫期才生活在水中，还有一部分是寄生在其他动物的体内或体表。既然昆虫种类这样多，分布这样广，体形这样多变，生活环境这样多样化，也就是说它们具有许许多多的特殊性，但它们也有共性——都属于动物界节肢动物门昆虫纲。昆虫成虫的特点："体分三段头胸腹，有翅能飞六只足，气管血腔多变态，昆虫百万广分布。"螨类属于动物界节肢动物门中的蛛形纲。植食性螨类成虫的特点："体不分节一团球，无吃善爬八只足；有螯无角能吐丝，叶螨食植用嘴刺。"在危害农作物的动物中，绝大多数是昆虫，如蝗虫、白粉蝶、黄粉蝶、蚜虫等。但也有些是螨类，如红蜘蛛、黄蜘蛛等。因此，在生产中如果发生病虫害时，要仔细观察究竟是哪种害虫在为害植物，才便于选择对路的农药。

（2）昆虫的习性

昆虫具有趋光性、趋食性、群集性、迁飞性以及自卫等习性。

① 趋光性：趋光性是昆虫（害虫）接受外界环境刺激的一种反应。对于某种外界刺激，昆虫非趋即避。趋向刺激称为正趋性；避开刺激称为负趋性。趋性按照外界刺激的性质，可

分为趋光性、趋化性、趋温性、趋湿性、趋声性、趋磁性等。昆虫对于光源的刺激，很多表现为正趋性，即有趋光性；另有些却表现为背光性，如臭虫、跳蚤等。

② 趋食性：昆虫在长期的演化过程中，形成了各自的特殊取食习性，这是昆虫的食性。按昆虫食物性质，昆虫食性分为植食性、肉食性（捕食性、寄生性）、腐食性、杂食性等几类；按取食范围宽窄，昆虫食性分为单食性（或专食性）、寡食性、多食性等。

③ 群集性：在昆虫中常常可以见到同种个体大量群集。按其性质可以分为暂时性群集、永久性群集（有的昆虫个体群集后就不再分离，整个或几乎整个生命期都营群居生活，并常在体型、体色上发生变化，如知名的飞蝗）。

④ 迁飞性：伴随群集现象的是转移现象与迁飞现象。不论是暂时性群集，还是永久性群集，因虫口数量很大，食料往往不足，因此要转移危害。

⑤ 自卫性：昆虫在长期适应环境的演化中，获得了多种多样的保护自身免受天敌伤害的自卫行为。其中假死性是一些昆虫用以逃生的一种习性。当虫体受到机械性（如接触）或物理性（如光的闪动）等刺激后，引起足、翅、触角或整个身体的突然收缩，由停留的地方掉下来，状似死亡，这种现象就称为假死性。

此外，还有比永久性群集更进一步的所谓"社会性"等更复杂的行为，如白蚁、蜜蜂、蚂蚁等，它们的特点是亲代和子代能相互"合作"，并有分工现象，个体之间出现变型现象。

（3）虫害及习性

凡是由昆虫或螨类造成农作物危害的叫作虫害。农作物害虫绝大部分都是昆虫，所以，仍然具有趋光性、趋食性、群集性、迁飞性以及自卫等习性。

3. 虫害防治措施

（1）防治的主要途径

① 控制田间的生物群落，即争取减少虫源，增加有益生物的种类和数量。

② 控制主要害虫种群的数量，使其被抑制在足以造成作物经济损失的数量之下。具体措施有三方面：

a. 消灭或减少虫源，如植物检疫、越冬防治。

b. 恶化害虫发生为害的环境条件，如改进栽培技术、栽培抗虫品种、保护天敌等。

c. 及时采取适当措施抑制害虫在大量发生为害之前，如及时施用杀虫剂、人工释放害虫的天敌、采取有效的物理、机械防治措施。

③ 控制农作物易受虫害的危险生育期与害虫盛发期的配合关系，使作物免受或减轻受害。

（2）害虫的综合防治

① 害虫的综合防治的概念

从农业生态系的整体出发，根据有害物和环境之间的相互关系，充分发挥自然控制因素的作用，因地制宜协调应用必要的措施，将有害生物控制在经济损害允许水平以下，以获得最佳的经济、生态和社会效益。

② 综合防治应考虑的三个观点

a. 生态学观点。

b. 经济学观点。

c. 社会学观点。

③ 综合防治三个层次阶段

a. 以单一防治对象为内容的综合防治，如地下害虫、水稻害虫综合防治等。

b. 以作物为主体对多种防治对象的综合防治，如水稻害虫综合防治。

c. 以作物生态区域为基本单位的多种作物、多种防治对象的综合防治。

二、花椒病虫害防治基本理论

（一）花椒病虫害防治的基本原则

花椒病虫害防治应坚持贯彻"预防为主，综合防治"的基本原则，一方面要提高花椒树本身抗病虫害的能力，使其免遭或减轻危害；另一方面要创造有利于花椒生长发育的良好环境，促进其健壮生长，增强抗病虫害能力，而不利于病菌与害虫繁殖、生存，达到减轻危害程度的目的；最后是要直接杀灭或减少病原体和害虫，甚至杜绝其传播途径。

（二）花椒病虫害防治的措施

在实施花椒病虫害防治时，应该以"考虑防治效果，讲求经济效益，保证产品质量，确保安全优质"为目标。因此，在花椒病虫害防治中，一定要在确定病、虫种类的基础上，通过查阅有关资料，或借鉴参考前人在生产中积累的可靠经验，查明该病或害虫的发生规律，生活史及生活习性，从中找出最易杀灭或控制的阶段、危害高峰期，然后以此为依据确定防治措施、使用的药剂和防治时间。

目前，花椒病虫害的防治综合起来共有园艺栽培技术、生物防治、物理机械杀灭、化学农药防治、植物检疫等五类措施。

1. 园艺栽培技术

园艺栽培技术是指通过选育抗病虫品种，培育健壮苗木，合理搭配树种，加强管理增强树势，及时挖除濒死树、除草，保持椒园地通风透光等生产环节与生产技术，保持花椒树体生长健壮，增强抗病虫能力，并创造不利于病虫生存、蔓延的环境。

2. 生物防治

生物防治是指利用真菌、细菌、病毒等微生物抑制害虫的发生，或利用寄生性、捕食性天敌等治虫。

3. 物理机械杀灭

物理机械杀灭是指利用人力、器械、光、热、电、射线等诱捕诱杀或直接杀灭害虫、病菌。

4. 化学农药防治

化学农药防治是指利用各种有毒的化学物质杀死害虫和病菌。

5. 植物检疫

植物检疫是指通过对苗木、果实、种子及其木材调运中病虫的严格检疫，杜绝危险病虫向新种植区的传播、扩散。

在病虫防治中，应综合考虑各种防治措施的优缺点，扬长避短，有机结合。应坚持以园艺栽培技术和植物检疫为基础，以生物防治为主导，化学农药防治和多采用单一的化学农药防治措施，并且不论化学农药是绿色有机食品生产要求强制使用"一高两低"化学农药，还是绿色有机食品生产禁止使用的"两高一低"化学农药，也不论病虫的种类、危害程度，农药应该使用的浓度、施药时间以及气候环境因素对施药的影响……诸多问题，只是道听途说，随心所欲地盲从，不讲科学使用农药，总认为农药使用"多多益善"，或以"整死害虫"为宗旨，这种做法有时虽能达到控制病虫的效果，但是，虚增了生产成本，对环境和花椒产品都有污染的副作用，既不利于环境保护，也削弱了花椒产品的市场竞争力，更严重的是危及人民群众的生命健康。

（三）农药常识

绿色花椒生产中，病虫害防治应以"预防为主，综合防治"为原则，在病虫防治时，既要考虑防治效果，又要讲求经济效益，更要保证产品绿色、安全、优质。因此，应以生物、物理、机械防治为主，化学农药药剂防治为辅，严格控制化学农药施用次数及用量，切实掌握能够使用的农药种类、使用的关键时期和最佳浓度，避免盲目用药。花椒生产一般在2月下旬至4月下旬（避开开花期），5月下旬或6月（采果后），7—8月（采果后），9—10月施用化学药剂防治病虫害，具体防治时间根据病虫发生时间、气候、果实成熟采收与施药时间的安全间隔期等综合因素统筹考虑安排。施用农药要尽量选用生物农药，少用或不用化学农药。

1. 农药药剂的分类与作用

凡是用于防治农业（包括林、牧业）病虫害、杂草等有害生物的药剂通称为农用药剂，简称为农药。也包括用于调节植物生长以及用于环境卫生的药剂。

利用农药来防治农业病虫害、杂草等有害生物的方法称为化学防治法或药剂防治法。因此，药剂防治是花椒树病虫害防治的重要手段之一，其特点是适应范围广，收效快而显著，方法简便，尤其是当病虫害大量发生后，施用化学药剂往往是唯一有效的办法。

根据防治对象不同，分为杀菌剂、杀虫剂（包括杀螨剂）、除草剂等三大类农药以及杀线虫剂、杀鼠剂、植物生长调节剂等农药。

（1）杀菌剂

这是一类用来防治植物病害的药剂。凡是对植物的病原微生物（真菌、细菌、病毒）能起毒杀作用或抑制作用，又不伤害植物的药剂都属于杀菌剂。杀菌剂按来源可分为无机杀菌剂（利用天然矿物或无机物制成的杀菌剂），如石硫合剂、波尔多液、升汞、硼砂、石灰等；有机合成杀菌剂（人工合成的有机杀菌剂），如代森类、三氯酚酮、稻瘟净、甲醛等；农用抗生素（简称农抗，通过微生物发酵得到的代谢产物，具有杀菌作用），如井冈霉素、放线酮等；植物性杀菌素（从植物中提取的具有杀菌作用的物质），如大蒜素。杀菌剂的防治作用有保护、治疗、铲除作用，因此，杀菌剂按作用方式可分为保护剂、治疗剂、铲除剂。杀菌性保护剂是在花椒发病前施用，以消灭病菌或阻止病菌侵入，从而使花椒植株不受病菌危害。常用药剂有：低度石硫合剂、波尔多液、代森锌、百菌清等。杀菌性治疗剂是染病后施用，药剂渗入花椒植株组织或被花椒植株吸收到体内，以抑制花椒树体内病原体的生长和扩散，或改变花椒植株对病原物的反应，提高抗病能力，起到治疗作用。常用药剂有：多菌灵、甲基托布津、粉锈宁等。杀菌性铲除剂是用于直接杀死或抑制花椒植株发病部位上病原物，铲除侵染来源，减少发病。常用药剂有：高浓度石硫合剂、甲醛等。杀菌剂按能否被植物内吸并传导、存留的特性可分为内吸性杀菌剂、非内吸性杀菌剂两大类；按使用方法可分为种子处理剂、土壤消毒剂、喷洒剂等。

（2）杀虫剂（包括杀螨剂）

这是一类用来防治害虫（包括螨类）的药剂。绝大多数杀虫剂只能用来防治害虫，不能防治病害。少数杀虫剂既可以杀螨又可以防病，如石硫合剂。

杀虫剂按来源分为：① 植物性杀虫剂。这是一类利用植物为原料来制造的杀虫剂，如除虫菊、鱼藤、烟草等。② 微生物杀虫剂。这是一类能使害虫致病的微生物（真菌、细菌、病毒）杀虫剂，如白僵菌制剂。③ 无机杀虫剂（矿物性杀虫剂）。这是一类无机物杀虫剂，如白砒（亚砷酸）、氟化钠等。④ 有机杀虫剂，这是一类有机物杀虫剂，其中又分为天然有机杀虫剂如松脂合剂、煤油乳膏，人工合成有机杀虫剂如敌敌畏、乐果等。

杀虫剂按作用方式分为：① 胃毒剂。药剂通过害虫的口器及消化系统进入虫体，引起害虫中毒死亡，这种作用称为胃毒作用。具有胃毒作用的药剂称为胃毒剂，如白砒、敌百虫等。适用于防治咀嚼式口器的害虫如蝗虫、蝼蛄等，也适用于防治虹吸式口器（蛾类、蝶类）、舐吸式口器（蝇类）等害虫。② 触杀剂。药剂通过接触害虫的体壁渗入虫体，使害虫中毒死亡，这种作用称为触杀作用。具有触杀作用的药剂称为触杀剂，它对于各类口器的害虫都适用。杀虫剂中大多数属于此类，但是对于虫体被蜡质等保护物的害虫，如蚧、粉虱等效果不佳，如甲基—六〇五、辛硫磷等。③ 熏蒸剂。药剂在常温下能气化为毒气，或分解生成毒气，并通过害虫的呼吸系统进入虫体，使害虫中毒死亡，这种作用称为熏蒸作用。具有熏蒸作用的药剂称为熏蒸剂，如敌敌畏、磷化铝等。熏蒸剂一般在密闭条件下使用，如敌敌畏防治蛀干性害虫。④ 内吸杀虫剂。药剂通过植株的叶、茎、根或种子，被吸收进入植物体内或萌发的苗内，并能在植物体内输导、存留，或经过植物的代谢作用而产生更毒的代谢物。当害虫刺吸带毒植物的汁液或咬食带毒的组织时，引起害虫中毒死亡，这种作用称为内吸杀虫作用，简称内吸作用。具有这种作用的药剂称为内吸杀虫剂，简称内吸剂，如乐果、三九一一等。一般情况下，内吸剂只对刺吸式口器的害虫有效。

此外，还有拒食剂、驱避剂、诱致剂、不育剂以及拟激素剂等特异性杀虫剂。

应该注意的是，对于绝大多数有机合成杀虫剂而言，它们的杀虫作用往往是多方面的。如乐果有很强的内吸作用及触杀作用；一六〇五有很强的触杀作用及胃毒作用，并有一定的熏蒸作用；杀虫脒除有胃毒、触杀和熏蒸作用外，还有拒食作用。因此，把这类具有多方面杀虫作用的药剂称为综合性杀虫剂。

（3）除草剂（除莠剂）

这是一类用来防治杂草及有害植物的药剂。

除草剂按用途分为：① 灭生性除草剂，又称为非选择性除草剂。能够毒杀所有植物，主要用于非耕地，如百草枯、五氯酚钠。② 选择性除草剂。只对某些科属的植物有毒杀作用，对其他科属植物无毒或毒性很低。如敌稗只杀死稗草而无害于水稻，西玛津是玉米地的有效除草剂，而对玉米无毒。按作用方式可分为：① 内吸性除草剂。可被植株的根或叶吸收并传导到全株，破坏植物的正常生理功能，使植株死亡，如 2,4-D、茅草枯。② 触杀性除草剂。不能在植物体内传导，只能把接触到药剂的部分组织杀死。因此，只能用于防治杂草的地上部分。对一年生杂草有效，如敌稗、五氯酚钠等。按来源分为无机除草剂、有机除草剂、微生物除草剂等。

2. 农药的剂型

目前使用的农药大多数是有机合成农药。工厂生产出来的没有经过加工的农药叫作原药，固体的叫原粉，液体的叫原油，其中，具有杀虫、杀菌或杀草等作用的成分叫作有效成分。原药一般不能在生产上直接使用，这是因为每亩地上每次施用的原药数量是很少的，要使少量的原药均匀地分散在大面积上，就必须在原药中兑入分散的物质，如水、粉等；而绝大多数原药是不溶于水的。此外，施用的农药还应该良好地附着在病虫体或植物体上，以充分发挥药效，但一般的原药不具备这样的性能，所以必须要进行加工，加入一些辅助剂，制成一定的药剂形态，这种药剂形态就叫剂型，如可湿性粉剂、乳油等。农药常用的剂型有：粉剂、可湿性粉剂、乳油（乳剂）、油剂（低超容量制剂）、颗粒剂、水剂（水溶液剂）、水溶剂（可溶性粉剂），此外，还有乳粉、浓乳剂、乳膏、糊剂、缓释剂、微粒剂、大粒剂、烟剂、气雾剂、片剂等。

3. 农药的使用方法

利用化学农药防治病虫害、杂草等有害生物，首先应该了解防治对象的发生规律，掌握有利时机进行防治。然后选择适当的药剂和药械，应用正确的方法进行施药。不同的农药剂型有不同的使用方法，各种使用方法又各有自己的特点。除了考虑防治对象、药剂和方法外，还应该考虑施药对有益生物（天敌、蜜蜂等）的影响，对环境的污染，以及与其他防治法（如生物防治）的配合问题。最后还应该精确计算用药量，严格掌握配药浓度，以及施药过程中注意技术要求、掌握用药量等。只有这样才能达到经济、安全、有效的防治目的。

农药常用的使用方法有：喷粉及撒粉、喷雾（利用喷雾机具进行喷雾和弥雾的施药方法，技术要求是使药液雾滴均匀覆盖在带病虫的植物体上。对于常规喷雾一般应使叶面充分湿润，但不使药剂从叶上流下为度。也有特殊情况，对于半钻蛀性或卷叶为害的害虫则应喷得湿透效果才大。对于在叶片背面为害的害虫，如蚜、螨等还应注意叶背喷药）、超低容量喷雾与低容量喷雾、拌种、浸种与浸苗、毒谷及毒饵、涂抹以及飞机超低容量喷雾等先进方法和各地群众创造的土办法如撒毒土、灌根、泼浇等。

4. 农药的常用计算法

（1）药剂的浓度

药剂的浓度通常有百分浓度、百万分浓度、倍数法三种表示方法。

① 百分浓度（%），即 100 份药剂中含有多少份药剂的有效成分，如 40%乐果乳油。百分浓度又分为质量百分浓度（配药时固体与固体之间或固体与液体之间常用）、体积百分浓

度（配药时液体与液体之间常用）。

② 百万分浓度（ppm），即 100 万份药剂中含有多少份药剂的有效成分，如 200 ppm 九二〇溶液。

③ 倍数法，药液（或药粉）中稀释剂（水或填充料）的用量为原药剂用量的多少倍，即药剂稀释多少倍的表示法。如 25%亚胺硫磷乳油 250 倍液，即表示 1 斤 25%亚胺硫磷乳油应加水 250 斤，因此倍数法一般不能直接反映出药剂的有效成分。在生产上，根据所要求的稀释倍数的大小通常采用内比法和外比法两种配法。

a. 内比法，此法用于稀释 100 倍以下（包括 100 倍），计算稀释量时要扣除原药剂所占的一份。如稀释 50 倍，即用原药剂 1 份加稀释剂 49 份。

b. 外比法，此法用于稀释 100 倍以上，计算稀释量时不扣除原药剂所占的一份。如稀释 1000 倍，即用原药剂 1 份加稀释剂 1000 份。

（2）浓度间的换算

① 百分浓度与百万分浓度之间的换算：百万分浓度（ppm）=百分浓度（不带%）×10 000

② 倍数法与百分浓度之间的换算：百分浓度（%）=原药剂浓度（带%）÷稀释倍数×100

（3）稀释计算法

① 按有效成分的计算法：原药剂浓度×原药剂质量=稀释药剂浓度×稀释药剂质量

② 根据稀释倍数的计算法：

a. 稀释药剂质量=原药剂质量×稀释倍数（此法不考虑药剂的有效成分含量）

b. 稀释需用原药质量=稀释药液质量（千克）÷稀释倍数

c. 拌种需用药剂质量（千克）=种子质量（千克）×拌种浓度（带%）

（四）绿色花椒生产禁止使用的化学农药

1. 有机氯类

六六六（HCH）、滴滴涕（DDT）、三氯杀螨醇、杀螟威、氯丹、毒杀酚（氯化烯）、赛丹。

2. 有机磷类

水胺硫磷、甲胺磷、增效甲胺磷、甲基对硫磷（甲基一六〇五）、甲基异柳磷、喹硫磷、久效磷、磷胺、地虫磷（大风雷）、氧乐果、速扑杀、一六〇五、一〇五九、异丙磷、三硫磷、高效磷、蝇毒磷、高渗氧乐果、马甲磷、乐胺磷、速胺磷、甲拌磷（三九一一）、叶胺磷、克线丹、磷化锌、氟乙酰胺。

3. 氨基甲酸酯类

呋喃丹（克百威）、灭多威（万灵）、涕灭威（铁灭克）、速灭威。

4. 熏蒸剂

磷化铝、氯化苦、二溴氯丙烷、三溴乙烷。

5. 其他农药

杀虫脒（克死螨）、砒霜、溃疡净、普特丹、杀虫威、益舒宝、苏化 203、速蚧克、杀螟威、氰化物、狄氏剂、401（抗生素）、敌枯霜、倍福明、汞制剂、除草醚。

（五）绿色花椒生产常用的化学农药

1. 杀虫剂

敌百虫、敌敌畏、辛硫磷、氯氰菊酯、高效氯氰菊酯、溴氰菊酯（敌杀死）、氰戊菊酯（速灭杀丁）、三氟氯氰菊酯（功夫菊酯）、吡虫啉、锐劲特、螨必治、除虫净、民丰一号、集琦虫螨克、虫除净、科诺千胜（Bt 杀虫剂）。

2. 杀菌剂

多菌灵、甲基硫菌灵（甲基托布津）、百菌清、三唑酮（粉锈宁）、石硫合剂、波尔多液、扑海因、灰霉净、万霉灵、溶菌灵、扑菌清、杀毒矾、瑞毒霉锰锌、百德富、消菌灵。

（六）化学防治法的优缺点

1. 优　点

防治对象广；防治效果快而高；使用方法简便；受地区性限制小；农药可以工业化生产；农药品种可以不断更新。

2. 缺　点

病虫产生抗药性；农药对人、畜、作物、有益生物有毒害；破坏生态平衡；新害虫的猖獗与原害虫的再增猖獗；污染环境，引起公害；此外，农药不是"万能"的（局限性）。

（七）注意事项

应用化学防治法应该克服两种片面观点，防止两种错误倾向。

（1）"农药万能"观与单纯依靠农药的倾向。不应该只看到化学防治法的优点而产生"农药万能"的思想，更不能认为植保工作就是"打打药"，还必须看到它的局限性及存在的问题，建立"预防为主，综合防治"的正确思想。

（2）"农药万恶"观与害怕使用农药的倾向。不应该只看到化学防治法的缺点而产生"农药万恶"的思想，更不要在生产上害怕使用农药。只要认真做到安全合理使用农药，那些缺点是可以避免和减轻的。更重要的是，随着我国农业现代化的发展，农药工业一定能够生产出更多更好的高效、低毒、低残留及无公害的新农药品种，以满足农业生产的各种需要。

三、九叶青花椒常见病虫害防治

如本章开篇所述，花椒现在已发现的害虫有 134 种、病害 20 余种。花椒病虫害种类繁多，根据害虫的生活史与生活习性以及病害发生的规律，确定合理的防治措施，选择适宜的药剂和防治时期，对症下药才能获得最佳的防治效果，才能将病虫害控制在不致造成危害的水平以下。本小节将对九叶青花椒常见的病虫害防治工作进行详细的讲解。

（一）九叶青花椒常见病害防治

九叶青花椒病害主要有：根腐病、煤烟病、叶锈病、白粉病、叶斑病（褐斑病）、炭疽病、蜂窝脚病（俗称）、黄花病（俗称）等。

1. 根腐病

（1）主要症状

根腐病就是花椒根部变色腐烂造成植株死亡，拔出病树时只留下木质部，根皮易脱落，且有异臭味，木质部变黑腐烂；地上部分叶形变小，由绿变黄，枝条发育不全，果实变小，最后全株枯萎死亡。此病多发生在高温高湿季节，是造成花椒园大面积死亡的主要原因，对花椒生产危害最大，因此，在花椒的整个生产过程中都要重视以防治此病为主。

（2）防治方法

① 播种前用15%三唑酮（粉锈宁）500~800倍液或25%三唑酮（粉锈宁）1000~1500倍液对土壤消毒，能抑制腐皮孢菌的产生；定植时用50%多菌灵500~1000倍液或70%甲基托布津1000~1500倍液浸根；每年4—5月用硫酸亚铁或多菌灵液喷洒椒园，每亩用药量4.5公斤。

② 施肥或灌溉时加适量多菌灵或杀菌类农药混合使用，特别是高温季节，此法简便且效果很好。

③ 深沟高厢，注意排水。对土层深厚且地下水位较高的园地至少要挖0.5~0.8米深的排水沟，可以有效地防止根腐病的发生，特别是雨水多的季节效果更显著。

④ 中耕除草使用专用锄草工具，注意不要伤根，避免病菌感染。

⑤ 注意增施微量元素及植物生长素，如钙、镁、硼、锶、锌等，这些微量元素能增强椒树的抗病能力。建议在开花前、后增喷三代喷施宝或高级植物营养素；增施磷钾肥和微量元素含量高的复合肥、草木灰和花椒专用复合肥。草木灰以胡豆、豌豆、稻草等秸秆灰较好，花椒专用复合肥以硫酸钾型较好，特别是结果树，最好不使用含氯化钾型的复合肥。

⑥ 不在高温干旱季节施用尿素、碳铵（本类肥是诱发本病产生的很重要的原因）等化肥，避免因浓度大形成反渗透而造成烂根。

⑦ 发现病死树，挖除病树，病根并烧毁，消除侵染来源，同时，对带菌泥土用多菌灵或石灰水进行消毒处理；剪除病根，同时在伤口处用0.2~0.3波美度或1：50石灰水灌根杀菌。

⑧ 花椒谢花后用0.3波美度石硫合剂全园喷洒，包括树体和地面。此法既防病又杀螨类，对椒树无副作用，对病虫都不产生抗药性，是一种可以常年使用的较好的花椒病虫害防治方法。

⑨ 高温干旱季节挖沟施肥，要注意挖沟尽量不伤根或少伤根，沟挖好后，要晾晒5天左右待根伤愈合后，再择机施肥浇水覆土，切忌不能现挖现施，否则，可能因伤根施肥诱发根腐病。2008年夏秋季，重庆市江津区吴滩镇陡石村老房组采果修剪后因施肥方法不当造成死树，有的农户达50%以上。

本病一旦在椒园发生，近几年来笔者选择以下方法防治，取得了较好效果。选择多菌灵150～200克，生根粉200～250克配制50公斤水溶液，灌根，同时选择速绿20克、根网（根爆或根魔力）20毫升和多菌灵25克，配制15公斤水溶液，雾喷，间隔7～10天重复一次，通常2～3次便可取得良好效果。

2. 煤烟病

（1）主要症状

煤烟病属真菌性病害，主要危害叶片，幼果和嫩梢，也危害树干。花椒叶片和嫩枝表面覆盖一层煤烟状物，妨碍花椒光合作用和呼吸作用，造成花椒减产，严重时可引起植株枯萎死亡。煤烟病病因复杂，发病初期，叶片、果实、枝梢的表面出现椭圆形或不规则的黑褐色霉斑。随着病菌的繁殖、扩散，霉斑逐渐扩大，形成黑褐色的霉层。霉层覆盖叶面，使叶片光合作用受阻，影响光合产物的形成，严重时叶片失绿，造成树体早期落叶、落果和枯梢。主要是病菌孢子在花椒叶片和枝条表面附着，在高温、多湿、荫蔽的环境条件下，孢子萌发形成菌丝，菌丝进而生长，产生更多的孢子并扩散，覆盖在叶片的表面，阻碍了叶片的光合作用。病菌寄生在蚜虫、蚧类（蚧壳虫）、粉虱等害虫的粪便和分泌物上从中吸取营养。特别是蚜虫，分为有翅蚜和无翅蚜，环境条件适宜是无翅蚜。蚜虫因为它传播病毒，所以，它引起煤烟病的危害超过它本身的危害。此病常伴随蚜虫、蚧壳虫的活动而消长。

（2）防治方法

① 合理修剪，除草，改善椒园通风透光条件，增强树势，抑制病菌生长、蔓延，减少发病；同时，还可以用清水冲洗叶片，也有一定的防治作用。

② 防治蚜虫、蚧类、粉虱等昆虫，消除煤烟病菌的营养来源，是防止煤烟病发生的根本措施；因此，一旦发生蚜虫、蚧类、粉虱等昆虫危害，宜早治，不能拖，可以有效地防止煤烟病的侵染。

③ 秋冬时节，清除落叶、病叶集中烧毁，减少传染源。

④ 发病期用1∶1 000倍洗衣粉液；或50%退菌特1 500～2 000倍液；或0.3～0.4波美度石硫合剂；或200倍过量式波尔多液喷洒。

3. 叶锈病（锈病）

（1）主要症状

这是一种真菌性病害，主要危害花椒叶片。发病初期，在叶的背面出现圆形点状淡黄色或锈红色病斑，即散生的夏孢子堆，呈不规则的环状排列。继而病斑增多，严重时扩展到全叶，使叶片枯黄脱落。秋季在病叶背面出现橙红色或黑褐色凸起的冬孢子堆。此病的发生时间和严重程度，因地区、气候、树势不同而异。江津地区6月上中旬开始发病，7—9月为发病高峰。病菌夏孢子借风力传播，阴雨连绵或多雾多露等潮湿天气发病严重；少雨干旱天气发病较轻；树势强壮，抵抗病菌侵染能力强，发病较轻；树势衰弱，发病较重。发病首先从通风透光不良的树冠下部叶片感染，以后逐渐向树冠上部扩散。严重时造成枯枝落叶，影响花椒的产量和品质。

（2）防治方法

① 合理修剪，保持株间和树冠内通风透光；合理施肥，增施钾、镁、钙肥，增强树势与抗病能力。

② 秋末冬初，及时剪除病枝枯枝，清除园地落叶与杂草，集中烧毁，减少越冬病菌源。

③ 发病初期，喷施 200 倍石灰过量式波尔多液或 0.3 ~ 0.4 波美度石硫合剂。发病盛期用 80%代森锌 500 倍液；或 75%百菌清 800 ~ 1 000 倍液；也可用 1%波尔多液，每隔 15 天喷洒 1 次，叶片正反两面均喷洒。

4. 白粉病

（1）主要症状

这是一种真菌性病害，一般在温暖、干燥或潮湿的环境易发病，而降雨则不利于病害发生。施氮肥过多，土壤缺乏钙或钾时易发本病，过密、通风不良发病严重，可造成枯枝、落叶，严重时可使整个椒园染病，造成死亡。

（2）防治方法

① 氮肥不宜过多，增施钾、钙肥，改善通风透光条件，病枝病叶要立即剪除并烧毁。也可增施微肥。

② 发病初期用 15%粉锈宁可湿性粉剂 1 000 倍液或 70%甲基托布津可湿性粉剂 1 000 倍液喷洒后，病害部变暗灰色，白色逐渐消失。用 0.02% ~ 0.03%高锰酸钾溶液也可防治。

5. 叶斑病（褐斑病）

（1）主要症状

危害叶片，引起提前落叶。病原菌在脱落的病叶中越冬，春季产生分生孢子，借风雨传播到新叶上发病，高温多雨天气条件有利于病害的发生和蔓延。由树冠下部叶片先发病，逐渐向上部蔓延。褐斑病菌在高温高湿条件下，会发生多次侵染[侵染：从病原物与寄生感病部位接触，侵入引起植株发病为止所经过的过程，称为侵染过程。其病程分为：接触期（侵染前期）、侵入期、潜育期、发病期等四个阶段]。发病初期，被害叶片出现点状失绿斑，以后病斑逐渐变成灰色至灰褐色小圆斑。随着病情的加重，病斑逐渐扩大，其边缘颜色也加深，呈褐色或黑色，中央灰白色，后期病斑上有不明显的小黑点。即病菌的分生孢子堆。

（2）防治方法

① 秋末冬初，剪除病枝、枯枝，清除落叶并集中烧毁或深埋，减少越冬病害。

② 5 月，每隔 10 ~ 15 天，用 50%甲基托布津 500 倍液；或 50%多菌灵 800 倍液；或 50%代森锌可湿性粉剂 600 倍液喷洒 1 次，连续防治 2 ~ 3 次；"立秋"前后可再施药防治 1 次。

6. 炭疽病

（1）主要症状

危害果实、叶片、嫩梢，造成果实、叶片脱落，嫩梢枯死，危害严重。病菌在病果、病叶及病枯梢中越冬，翌年 5 月上中旬病菌产生分生孢子，并借风、雨、昆虫等进行传播，5

月下旬至 6 月上旬开始发病,7 月为发病盛期。发病初期,首先在果实表面出现数个不规则的褐色小点,后期病斑变成深褐色或黑色、圆形或近圆形,中央下陷;若天气干燥,病斑中央灰色,病斑上有很多褐色至黑色小点,呈轮纹状排列。若遇阴雨高温天气,病斑上小黑点呈粉红色小突起,即病原菌分生孢子堆。继而向叶片、新梢上扩散。椒园通风透光不良,高温高湿的天气条件会引起病害的大发生。

（2）防治方法

① 冬季清园,清除病枝病叶,刮除树干上的病斑集中烧毁,并喷施 3 波美度的石硫合剂。

② 加强肥水管理。增强树势,提高抗病能力;改善园地通风透光条件,抑制病害发生。

③ 在发病初期喷洒 1∶1∶200 波尔多液;或 50%退菌特可湿性粉剂 800～1 000 倍液进行预防。

④ 在发病盛期喷洒 50%退菌特粉剂 500～600 倍液,或 1∶1∶100 波尔多液进行防治。

7. 蜂窝脚病（俗称）

（1）主要症状

此病主要发生在沙土中,因缺乏磷、钾等元素造成花椒树颈以上距地面 30 厘米以下部位树干松散腐烂而死亡,直接影响其寿命。5～7 年生椒树最易发生此病。但是,识别此病要注意与脚虫、皮虫造成的危害区别。脚虫、皮虫造成的危害,能发现虫体、流胶及害虫蛀蚀的木屑、排泄物等粉末,而蜂窝脚病无虫体。

（2）防治方法

① 增施磷钾肥或微量元素肥;对虫蛀伤口消毒。

② 用硫酸铜、泥浆混合在每年 3 月中旬和 5 月中旬各涂抹 1 次树干,这样,可以达到病虫预防、兼治的双重目的。

③ 若采用嫁接花椒苗定植可延缓此病的发生。

8. 黄花病（俗称）

（1）主要症状

此病主要发生在老龄树或种在沙土中的中年树上。开花时,色彩淡黄,且花很多,但不结果。此病主要是土壤中严重缺磷、钾、硼等元素造成的。

据 2008 年 3 月 31 日重庆电视台公共·农村频道"巴渝新农村"栏目报道:重庆市万盛区青年镇均田村 2000 年栽种九叶青花椒 300 亩左右。该村农民陈光碧家种的花椒 2007 年约有 30%,2008 年约有 80%的椒树发生黄花病,其他的农户发生得少一些,有的一株树上有几枝或半边开黄花,或偶尔一株树开黄花,造成花椒严重减产。向社会各界征询解决办法。通过电话联系了解到该村花椒的栽培情况是:重庆市万盛区青年镇均田村土壤是油沙夹黄泥,该村发展的花椒是 1999 年通过到江津区先锋镇考察后,于 2000 年栽种的,种苗一是从江津区先锋镇引进的,二是从本地老花椒种植户自育引进的。施肥情况是:2000 年每株施猪粪一桶;2002—2003 年两年没有施肥;2004 年施的尿素和磷肥;2005 年施的是氮、磷、钾"三元"复合肥;2006—2007 年施的尿素和磷肥。2007 年该村农民陈光碧家约有 30%的椒树发生黄花病，本来可获收入 2 万多元，结果只收入 11 000～12 000 元；2008 年约有 80% 的椒树发生黄花病，可能绝收。其他的农户管理粗放一些，发生得少一些，有的一株树上有几枝或半边开黄花，或偶尔一株树开黄花。因此，笔者认为，花椒黄花病发生可能的原因是：

①　因为九叶青花椒自身特性喜欢紫色页岩和保水保肥的壤土。而重庆市万盛区青年镇的花椒立地条件是油沙土夹黄泥，因此，此土壤不适宜种植九叶青花椒，初期表现尚可，但是随着树龄的增加，九叶青花椒这种独具地方特色的品种的自身遗传品质产生退化，造成了花椒开"黄花"。

②　在栽培管理中，没有做到配方与平衡施肥，使土壤缺某些元素，主要是缺磷、钾、硼及微量元素肥；或某些元素过剩，主要是氮肥。造成花椒叶芽与花芽分化不均衡，花器发育不全，花芽多叶芽少，光开花不结果。

③　九叶青花椒花椒是从云南小青花椒引进栽培优选的。重庆市万盛区青年镇的花椒发生黄花病也可能是种苗采种时，种子是在老龄母树上或者在幼龄树上采摘的，导致育成的种苗遗传基因不稳定或基因变异造成。

④　重庆市万盛区青年镇陈光碧的花椒 2007 年、2008 年两年不同程度地发生黄花病，应该是 2006 年夏季特大干旱高温，2007 年冬季罕见暴雪低温，这种极端灾害性气候的影响与土壤缺某些元素，或某些元素过剩等因素综合作用的结果。因为，特大干旱高温与罕见暴雪低温这种极端灾害性气候使花椒这种广泛分布于东北、内蒙古以南的落叶植物的花芽分化特别好，花芽数量特别多，同时，大量的花芽生长发育需要消耗大量的养料，由于土壤中缺乏某些元素，或某些元素过剩，特别是严重缺硼（因为硼具有"能促进花粉发芽和花粉管的生长，对子房发育也有作用，从而促进授粉受精，增加坐果率"的作用），这就给分化的大量花芽生长发育成为正常花芽形成了供需矛盾，直接导致花椒黄花病的发生。所以，笔者不太赞成重庆市万盛区青年镇农技服务站技术人员在电视节目中的解释：花椒开黄花是去年冬天罕见暴雪低温，今春开花期气温偏低造成的。

（2）防治方法

为此，笔者认为，花椒得了黄花病，首先造成的是当年减产，凡是开黄花的椒树植株或枝都不结果；或开黄花的椒树植株都面临死亡。应采取的措施是：

①　对于部分开黄花的椒树，仅剪除开了黄花的枝条，使之重新萌发更新。

②　对于全部开黄花的椒树，剪除植株的所有枝条，使之重新萌发更新。

③　对于剪除开了黄花的椒树植株的所有枝条，并且利用春季栽种花椒的大好时机，在老植株旁边补植优质无病虫害健壮花椒苗，加强肥水管理，推行配方施肥，待来年观察老树开花结果情况。如果花椒老树开花结果归于正常，则将幼树移栽，保留原植株；反之，挖除原植株，保留幼树，更新花椒园，有效地缩短椒园更新时间。

④　挖除花椒老树，请农技专家测定土壤化学成分以及酸碱性，针对性地补充营养成分或采取培土措施先改良土壤，再移植花椒幼苗。

⑤　育种一定要选择结实多、地势向阳、生长健壮、无病虫害、品质优良、叶片柳叶或近柳叶状、叶柄有刺、叶面及叶缘齿缝有油泡、有一部分叶是九叶的中年树作为采种母树，以确保九叶青花椒的优良遗传特性，不产生遗传变异。

总之，到目前为止黄花病发生的病因众说纷纭无定论，笔者认为其强化研究的方向应当从花芽分化的制约因素与花粉管生长的影响因素入手，方为突破口。

（二）九叶青花椒常见虫害防治

九叶青花椒的虫害主要有：凤蝶、蚜虫、蓝桔潜跳甲、花椒桔潜跳甲、枸橘跳甲、天牛类（桃红颈天牛、橘褐天牛、花椒虎天牛、枝天牛等）、金龟子（黑绒金龟子）、蚧类（蚧壳虫包括吹绵蚧、桑白蚧）、螨类（红、黄、白蜘蛛）、黄蚂蚁等。

1. 凤　蝶

（1）危害特点

花椒凤蝶属完全变态昆虫。它的一生要经过卵、幼虫、成虫、蛹 4 个阶段。该虫害一年发生 3～4 代，以蛹在枝条上越冬，卵产在嫩芽、叶背上。幼虫夜间活动最强烈，咬食嫩叶嫩芽，严重时会吃光幼树上的全部叶片，引起树势衰弱和严重减产，受惊扰时，伸出臭"Y"腺，渗出臭液，所以，又称为"臭狗"。羽化后的成虫称为"波罗黄凤蝶"。

（2）防治方法

花椒凤蝶因幼虫体大易见，蛹斜立挂在枝干上，一端固定，另一端悬空，并有丝缠绕，容易捕杀，应以人工捕杀为主，幼虫发生严重时，可喷药防治。

① 人工捕杀：冬季清除树干上的越冬蛹；花椒生长季在发生轻微的树上人工捕杀幼虫和蛹。也可以利用成虫的趋光性，在 6—7 月份安装黑光灯诱杀成虫。

② 生物防治：在幼虫严重发生时，及时喷青虫菌或苏芸金杆菌 1 000～2 000 倍液杀死幼虫。

③ 农药防治：幼虫大量发生时，用 80%敌敌畏乳剂 800～1 000 倍液，或 90%敌百虫晶体 1 000 倍液，或 25%速灭杀丁 2 000 倍液，或 37.5%拉维因胶悬剂（每亩用 40～50 毫升），或 52.5%农地乐乳剂 1500 倍液，或 2.5%天王星乳油 3 000 倍液喷雾。

2. 蚜　虫

（1）危害特点

花椒蚜虫又叫绵虫，俗称蜜虫、腻虫、油虫。以刺吸口器吸食叶片、花、幼果及幼嫩枝梢（芽）的汁液，被害叶片向背面卷曲，造成落花落果，同时，排泄蜜露，使叶片表面油光发亮，影响叶片的正常代谢和光合功能，诱发煤烟病病害的发生。

（2）防治方法

花椒蚜虫的防治可以根据虫口密度大小采取生物防治或化学农药防治。

① 生物防治：适宜虫口密度小的初发期，一是在 4 月中旬蚜虫开始危害时，到田间捕捉瓢虫（七星瓢虫）成虫和幼虫，或将人工培育的越冬瓢虫，按瓢蚜比 1∶200 向椒园投放；二是在椒树上喷洒蜜露或蔗糖液引诱十三星等瓢虫，利用它消灭蚜虫；三是在椒园附近栽植一定数量的能在各个生长季节开花的经济树木或作物，招引食蚜蝇等天敌成虫，落户椒园防治蚜虫。

② 化学防治：亩用 10%吡虫啉 10 克，或 5%蚜虱净 20 毫升，或大功臣 10 克，或灭蚜净 4 000 倍液，或 3%辟蚜雾 3 000 倍液，或 80%乐果乳剂 1 000 倍液均可防治。

3. 蓝桔潜跳甲

（1）危害特点

蓝桔潜跳甲成虫体长 4 毫米、宽 2.5 毫米，1 年 1 代，以成虫在枯枝败叶中越冬。花椒的开花期是越冬后的成虫活动盛期，成虫吃嫩叶和花序，产卵在花序上。初孵幼虫潜居在嫩籽内危害，5 月中旬陆续老熟，并随虫果脱落到地面，幼虫爬出果籽入土化蛹。蛹期 15 天，6 月上旬新成虫开始羽化，新成虫取食嫩叶。7 月中下旬蛰伏，寿命长达 10 个月以上。

（2）防治方法

① 栽培防治：冬季清园，减少越冬虫源。

② 化学防治：花椒展叶期用溴氰菊酯 2000 倍液，或杀螟松 2000 倍液喷洒树冠，药杀成虫。

4. 花椒桔潜跳甲

（1）危害特点

花椒桔潜跳甲成虫体长 4 毫米、宽 3 毫米，1 年 2～3 代，幼虫潜入叶内蛀食叶肉，成虫吃嫩叶。

（2）防治方法

① 化学防治：3 月上中旬用氧乐菊酯或杀螟松 2 000 倍液喷洒树冠和地面，药杀越冬成虫。4 月下旬至 5 月上旬用辛氰乳油或氧化乐果 1 500～2 000 倍液喷树冠，杀幼虫。

② 物理机械防治：8 月上旬利用成虫多在嫩梢处危害，且不活跃的特殊习性，人工振落捕杀。

5. 枸橘跳甲

（1）危害特点

枸橘跳甲成虫体长 3.5 毫米、宽 2.4 毫米，1 年 1 代，以成虫越夏、越冬。既危害花椒也危害柑橘。主要是幼虫潜入叶内蛀食叶肉，引起叶片提前枯萎脱落，影响花椒品质与产量。

（2）防治方法

枸橘跳甲防治的关键时期是越冬成虫出土活动盛期，主要采用化学防治。3 月上中旬用溴氰菊酯 3 000 倍液或杀螟松 2 000 倍液喷洒树冠和地面，药杀越冬成虫。

6. 天牛类

（1）危害特点

天牛类害虫是桃红颈天牛、橘褐天牛、花椒虎天牛、枝天牛等害虫的统称，其主要危害方式是幼虫在木质部蛀隧道，造成树干中空，引起树势衰弱，严重时造成树体死亡。一般 2 年 1 代，少数 3 年 1 代。每年 5 月成虫开始羽化，6 月开始产卵于树干颈部、树干中部和新梢皮层内，7 月是产卵盛期，卵孵化后在皮层蛀食 1 个月后进入木质部，向下蛀食。

（2）防治方法

刮除虫卵，捕杀成虫。幼虫进入木质部后用铁丝捕捉或用铁丝掏出虫粪和木屑后，用杀虫剂原液浸湿药棉或用注射器吸入杀虫剂原液注入虫道，用黄泥密封洞口。在幼虫还未钻进树干时用杀虫剂喷洒树干。防治树干虫 5 月上旬用水胺硫磷喷洒 1 次，杀死虫卵；防治脚虫

4月下旬到5月下旬用水胺硫磷和泥浆刷树干和根颈部。幼虫易诱发流胶病，应立即刮除流胶，并用杀菌类药物涂抹处理伤口。

7. 金龟子

（1）危害特点

金龟子又称黑绒金龟子，成虫体长7~9毫米、宽4.5~6毫米，1年1代，以成虫取食花椒嫩芽、幼叶及花的柱头，常群集暴食。以成虫在土壤中越冬。成虫具有较强的趋光性和假死性。

（2）防治方法

① 利用成虫的假死性，在发生期的傍晚振落捕杀。

② 利用成虫的趋光性，在发生期安置黑光灯诱杀。

③ 成虫大量发生时，用40%乐果乳油1000倍液喷洒。

8. 蚧类（蚧壳虫）

（1）危害特点

蚧壳虫包括吹绵蚧、桑白蚧。属顽固难防害虫，体表一般覆盖蜡质和絮状分泌物。以若虫、成虫群集在花椒的叶、芽、嫩枝及枝条上危害，吸食枝叶汁液，使叶片发黄，枝梢枯萎，引起落叶、落果，树势衰弱，严重时枝条或全株枯死，侵染蚧壳虫的椒树，容易导致煤烟病的发生。

（2）防治方法

① 苗木实行检疫，有蚧类寄生的消毒处理，常用溴甲烷熏蒸，切断蚧虫传播途径。

② 加强椒园管理，改善通风透光条件和肥水管理，及时清除病原物；冬季清除枯枝、病虫枝，刮刷枝干上的越冬虫卵及幼虫。清除地面枯枝落叶，集中烧毁，消除虫源，减少繁殖基数。

③ 在幼蚧孵化期（4月中旬至5月下旬，7月中旬至8月下旬，仔细观察能发现米黄色的小幼虫）或1龄若虫脱皮转入2龄期，用松碱合剂（松碱合剂按松香、烧碱、水之比=3：2：10的比例熬制，熬至松香、烧碱全部溶解即可）10~15倍液或20%菊杀乳油2500倍液，连续喷洒2次，间隔10~15天。

④ 在成虫期浇灌或根施内吸剂，即在土壤干燥时，用40%氧化乐果1000倍液灌根，7天后显效。或在冬季清园时喷洒5波美度石硫合剂。

⑤ 施放天敌进行生物防治，蚧类的天敌种类很多，如吹绵蚧的天敌澳洲瓢虫、大红瓢虫、小红瓢虫、红缘瓢虫；盾蚧类的金黄蚜蜂等；可以保护饲养，控制蚧类发生危害。

9. 螨类（红、黄、白蜘蛛属动物界节肢动物门蛛形纲蜱螨目）

（1）危害特点

红、黄、白蜘蛛1年6~9代，一般3月中下旬开始危害，4—5月盛发；在采果后的10—11月份往往也会发生，是花椒生产应重视的虫害之一。主要危害叶片、嫩枝、花蕾和幼果；尤以叶片、嫩枝受害最为严重，造成树叶脱落和叶片老化，直接影响光合作用，使椒树落花、落果，影响次年花芽形成，导致树势衰弱，产量严重下降，甚至绝收。

螨类每年发生的轻重与当年的温湿度关系很大，高温干旱有利于发生，危害严重。

化学防治时应注意螨情发生规律，螨类繁殖极快，也容易产生抗药性，所以应在初发期进行，防治药剂要交替使用。

（2）防治方法

① 用"绿晶" 0.3%印楝素乳油 1 500 倍液喷施。

② 15%达螨灵、大克螨、5%尼索朗或 0.5 ~ 0.8 波美度石硫合剂，每隔 10 天喷洒 1 次，连续 2 ~ 3 次。

③ 30%克螨特可湿性粉剂 1 500 倍液或 0.9%集琦虫螨克乳油 1 500 倍液喷施。

④ 40%氧化乐果乳油 1 500 ~ 2 000 倍液或螨死净 200 倍液喷洒。

10. 黄蚂蚁

（1）危害特点

此虫害是花椒生产的主要害虫。主要危害根部，常发生在沙土和沙壤土中，发病症状与根腐病类似，只是根不黑。黄蚂蚁啃食花椒根颈部、根表皮以及形成层，造成植株死亡。可发现椒树下有小土堆，多发生于沙土。黄蚂蚁在 20 摄氏度时开始活动，也是施药防治的时候，一般 3—4 月份即可施药。

注意此虫害与结线虫病的区别：结线虫病发病植株症状与黄蚂蚁危害植株症状类似，只是根上有花椒大小的结，且没有沙堆。结线虫病用涕灭威颗粒处理。

（2）防治方法

① 将受害植株根部泥土掏开，晾出受害部位，用敌杀死、氧化乐果等杀虫剂按常用浓度喷洒。

② 用腐熟后的牛尿灌根。

③ 用长效杀虫粉剂（如农用敌百虫粉）撒施在椒树根部。

四、动物危害及其防治

（一）蜗牛（山螺蛳，属软体动物）

1. 危害特点

花椒枝干被蜗牛刺吸危害，使枝干出现"灰秆"和"灰枝"。

2. 防治方法

（1）施放家禽，捕食蜗牛。

（2）人工捕捉。

（3）80%灭蜗灵颗粒撒施树盘，用量 1.5 克/平方米。

（二）野　兔

用桐油或废机油刷涂树干，防止野兔啃食树苗和树皮。

五、九叶青花椒病虫害防治措施技术方案

（一）制订技术措施的原理或依据

（1）芸香科花椒属与柑橘同科，病虫害发生规律基本一致。

（2）各种病虫害的发生规律与危害特征。

（二）技术措施标准及要求

病虫害综合防治方案：

（1）采果修剪后（6月上旬至8月上旬）统防：杀虫剂+杀菌剂+磷酸二氢钾（0.3%）（必防）。

（2）秋季（9月下旬至10月上旬）统防：杀菌剂+杀螨剂+磷酸二氢钾（0.4%~0.5%）（必防）。

（3）冬季清园（11月上旬至次年1月下旬）：全园清园后，土壤喷洒1次3~5波美度石硫合剂；椒树喷洒1次0.3~0.5波美度石硫合剂，或喷洒1次65%代森锌500倍液；或晶体石硫合剂（200克）+水（15公斤）全园雾喷或胳胺酮全园雾喷。

（4）春季（2月下旬至3月中旬，4月下旬至5月上旬）统防：

① （2月下旬至3月中旬"开花前"）杀虫剂+杀菌剂+杀螨剂+磷酸二氢钾（0.3%~0.5%）+活性硼（0.1%~0.2%）喷洒3~4次（必防）。

② （4月下旬至5月上旬"谢花后"）杀虫剂+杀菌剂+杀螨剂+磷酸二氢钾（0.3%~0.5%）+尿素（0.3%~0.5%）喷洒3~4次。

（三）特殊要求与提示

1. 病虫害防治原则（要诀）

预防为主，综合防治；合理用药，提高药效；安全用药，防止毒害。

2. 黑胫（流胶）病防治

对该病溃疡性病斑在冬季彻底刮除，涂抹药剂。药剂组成：① 用等份的石硫合剂掺和石灰，调制成糊状，涂病斑处；② 将硫酸铜、石灰、水按1：3：15的比例配制成波尔多液浆，涂抹病斑；③ 未受病害侵染的花椒树基部可涂抹石硫合剂，防止病害侵入。

3. 根腐病与瘿蚊的防治

对染有花椒根腐病根和瘿蚊虫囊采下来，剪除烧毁，同时在剪口处涂以石硫合剂渣液消毒，并施以草木灰水。

4. "树干虫"防治

对所有花椒树干茎部进行1次检查。如果发现花椒天牛、潜叶跳甲等害虫卵粒与幼虫，应及时刮除杀死。树干基部的翘皮、皮刺也要全部刮除。并在虫孔注射100倍（1：99）敌敌畏药剂或将碾细的萘丸（卫生球）粉包在棉花中塞进虫孔里，再用黄泥封闭虫孔。

第五节　九叶青花椒营养失调症的认识与纠正

　　九叶青花椒在其生长过程中需要的元素包含碳（C）、氢（H）、氧（O）、氮（N）、磷（P）、钾（K）、钙（Ca）、镁（Mg）、硫（S）、铁（Fe）、锰（Mn）、锌（Zn）、铜（Cu）、钼（Mo）、硼（B）、氯（Cl）等元素，由于在自然界中和生长过程中碳（C）、氢（H）、氧（O）和氯（Cl）一般不存在缺失，因此这4种元素我们一般不进行专题的研讨。在生产中通常把氮（N）、磷（P）、钾（K）称为大量元素，把钙（Ca）、镁（Mg）、硫（S）称为中量元素，把铁（Fe）、锰（Mn）、锌（Zn）、铜（Cu）、钼（Mo）、硼（B）、氯（Cl）等称为微量元素。各元素在花椒生长中发挥着相应的作用，其作用在前面的章节已经做过描述，本节重点介绍花椒在生长过程中元素不足或者过多引起的九叶青花椒营养失调症的认识与处理办法。

　　营养失调症不是病，任何的药物对纠正营养失调症均无效。它仅是各类元素由于作物的吸收运用能力发生变化或外界补给出现过量或不足时表现出来的症状特征，原则上在发生时其症状首先表现在叶上，也有部分表现在花果与生长中心部位。不同的元素失调表现出不同的症状特征，本节重点介绍各元素在失调时表现出来的症状特点，为准确进行营养失调症的诊断打基础，以做出相应的处理。

一、氮失调的症状特征

　　氮在花椒生长过程中具有促进先端优势的作用，加速枝梢生长中心的分化生长，抑制腋芽萌动侧枝萌发，抑制花椒生殖生长过程中花芽的分化发育。

　　1. 氮过量的症状特征

　　当氮肥供应充足时，植株枝叶繁茂，躯体高大，分枝能增强，籽粒中含蛋白质高。叶片大而深绿，柔软披散，植株徒长。另外，氮素过多时，植株体内含糖量相对不足，茎秆中的机械组织不发达，易造成倒伏和被病虫害侵害。

　　2. 氮不足的症状特征

　　缺氮时，蛋白质、核酸、磷脂等物质的合成受阻，植物生长矮小，分枝、分蘖很少，叶片小而薄，花果少且易脱落；缺氮还会影响叶绿素的合成，使枝叶变黄，叶片早衰甚至干枯，从而导致产量降低。因为植物体内氮的移动性大，老叶中的氮化物分解后可运到幼嫩组织中去重复利用，所以缺氮时叶片发黄，由下部叶片开始逐渐向上，这是缺氮症状的显著特点。一旦发生应当快速补给高氮肥。

二、磷失调的症状特征

磷是许多重要化合物的组成成分，并广泛参与各种重要代谢活动。所以，磷对植物光合作用、呼吸作用及生物合成过程都有影响。

1. 磷过量的症状特征

作物磷素供应过量时，呼吸作用过强，消耗体内大量的糖分和能量，因此，对作物生长产生不良影响。磷过量时，植株叶片肥厚密集，叶色浓绿，植株矮小，节间过短，营养生长受抑制。繁殖器官常因磷素过量而加速成熟进程，导致营养体小，地上部茎、叶生长受抑制而根系非常发达，根量多而短粗，降低作物产量。由于磷酸盐的络合作用，磷过量常导致缺锌、锰等元素的症状。

2. 磷不足的症状特征

供磷不足时，蛋白质合成受阻，使细胞分裂迟缓，新细胞难以形成。因此，植物生长缓慢，植株矮小，分枝或分蘖减少，叶小易脱落。由于缺磷造成细胞发育不良，使得叶绿素密度相对提高，植株体内碳水化合物相对积累，形成较多的花青苷。所以，缺磷的植株叶色一般呈暗绿或灰绿色，还出现紫红色，严重时，叶片枯死、脱落。缺磷还会延迟作物成熟，果实细小、不饱满，严重影响产量和品质。缺磷植株根系老化呈锈色，白根少，根毛长度增强，但根的半径减小。许多植物对磷需要的临界期在苗期，缺乏症状在早期就很明显，这一特点可作为诊断的依据。一旦发现，应尽早补充磷营养。

三、钾失调的症状特征

钾可以增强作物的抗旱、抗病、抗寒性能。钾的存在使细胞胶体充水膨胀，持水力提高，减少蒸发，增强作物的抗旱性。钾能促使糖类的形成，增加细胞中的糖分，提高细胞液的渗透压，增强作物的抗寒能力。钾是酶的活化剂，能促进蛋白酶的活性，有利于蛋白质的形成，转化酶可加速糖分的积累，淀粉酶可促进淀粉的形成。钾对作物体内氮的代谢有良好的影响。钾供应充足，可促进作物对氮的吸收。

1. 钾过量的症状特征

钾素过量时，会造成镁元素的缺乏或盐分中毒，会影响新细胞的形成，使植株生长点发育不完全，近新叶的叶尖及叶缘枯死。

2. 钾不足的症状特征

作物缺钾的典型症状是叶边缘"干缩"，老叶尖端开始沿叶缘变黄色或黄褐色，但叶脉两侧和中部仍保持绿色。严重缺钾时，则从下部叶渐次向上部叶片发展，叶面出现斑点状坏死组织，最后干枯呈火烧状。缺钾使禾本科作物茎秆易倒伏；使作物产品品质变坏，如甜菜含糖量降低。作物缺钾症状比缺氮、缺磷症状出现得晚。作物缺氮缺磷时在幼苗期就表现出来，而缺钾一般在作物生长的中后期才出现。一旦发现应当及时补充高钾肥。

四、钙失调的症状特征

钙是细胞壁和胞间层的组成部分。钙对碳水化合物和蛋白质的合成过程，以及植物体内生理活动的平衡等，起着重要作用。其能促进原生质胶体凝聚，降低水合度，使原生质黏性增大，增强抗旱、抗热能力。

1. 钙过量的症状特征

土壤中钙过多时，如在石灰性土壤中，常会拮抗对钾、镁离子的吸收，也易降低锰、铁、硼、锌等元素的有效性，影响树体内养分平衡，降低果品产量及品质。

2. 钙不足的症状特征

缺钙时，根系生长受到显著抑制，根短而多，呈灰黄色，细胞壁黏化，根延长部细胞遭受破坏，以至局部腐烂；幼叶尖端变钩形，深浓绿色，新生叶很快枯死；花朵萎缩；核果类果树易得流胶病和根癌病。钙在树体中不易流动，老叶中含钙比幼叶多。有时，叶片虽不缺钙，但果实已表现缺钙。

五、镁失调的症状特征

镁是构成植物体内叶绿素的主要成分之一，与植物的光合作用有关。镁又是二磷酸核酮糖羧化酶的活化剂，能促进植物对二氧化碳的同化作用。镁离子能激发与碳水化合物代谢有关的葡萄糖激酶、果糖激酶和磷酸葡萄糖变位酶的活性；镁也是 DNA 聚合酶的活化剂，能促进 DNA 的合成。镁还与脂肪代谢有关，能促使乙酸转变为乙酰辅酶 A，从而加速脂肪酸的合成。植物缺镁则体内代谢作用受阻，对幼嫩组织的发育和种子的成熟影响尤大。

1. 镁过量的症状特征

镁过量会造成农作物吸收营养元素时离子之间增强拮抗作用，即某种养分离子高浓度的存在能够抑制另一种或多种养分离子的活性，从而影响农作物对另一种营养离子的吸收。镁肥用量过多也会影响农作物对钙、钾离子的吸收。过量施肥，包括镁肥，易引起农作物中毒，因施入大量肥料，增加了土壤溶液的浓度，使农作物根系吸收水分困难，造成地上部萎蔫，植株枯死。

2. 镁不足的症状特征

镁在植物体内易移动，植物缺镁首先表现在中下部老叶片上。在双子叶植物上，表现为脉间失绿，并逐步由淡绿色变成黄色或者白色，还会出现大小不一的褐色或者紫红色斑点，但叶脉保持绿色,严重时出现叶片的早衰与脱落。禾本科植物表现为叶基部出现暗绿色斑点，其余部分淡黄色，严重缺镁时，叶片褪色有条纹，叶尖出现坏死斑点。作物缺镁症状在果实或储存器官膨大时容易发生。镁在果实成熟过程中会向果实转移，老叶和果实附近叶片先发黄，症状明显。

六、硫失调的症状特征

硫是对农作物生长十分有益的元素，在植物新陈代谢中具有多种作用，尤其是在氨基酸、蛋白质的形成过程中起重要的作用，并对作物蛋白质、油脂、维生素以及葡萄糖合成影响较大。此外，硫还是合成某些纤维素和形成叶绿素所必需的成分。氮被植物吸收应以硫存在为前提，在某种情况下，硫对土壤吸收磷酸盐起重要作用。硫不仅可以提高蛋白质含量，增加维生素 A 含量及油类作物的油含量，而且还可以改善水果、蔬菜、甜菜等品种的质量，并能增强作物的御寒和抗旱能力。

1. 硫过量的症状特征

硫过量表现为下部叶片暗黄或暗红，抑制植株生长，逐渐危害到中上部叶片。硫中毒，也是一种肥害，可以按照常规肥害解决方法进行处理：大量淋洗，改变作物根际环境，降低根际的盐分含量；叶片喷施（或者灌根）促根剂、植物生长调节剂，以促进根系重建，增强根系活性。硫中毒一般伴随着缺氮现象的发生，在喷施促根剂的同时，可同时喷施低含量的氮肥。等作物缓过来后，要注意平衡施肥。如果周边有排放 SO_2 的工厂，要注意少施含 S 的肥料，或者种植对 S 不敏感的作物。

2. 硫不足的症状特征

缺硫时幼芽先变黄色、心叶失绿黄化、茎细弱、根细长而不枝、开花结实推迟减少。

七、锌失调的症状特征

锌在作物体内间接影响着生长素的合成，当作物缺锌时茎和芽中的生长素含量减少，生长处于停滞状态，植株矮小。锌也是许多酶的活化剂，通过对植物碳、氮代谢产生广泛的影响，因此有助于光合作用。同时，锌还可增强植物的抗逆性；提高籽粒重量，改变籽实与茎秆的比例。锌是一些脱氢酶、碳酸酐酶和磷脂酶的组成元素，这些酶对植物体内的物质水解、氧化还原过程和蛋白质合成起重要作用；锌还参与生长素吲哚乙酸的合成；是稳定细胞核糖体的必要成分；参加叶绿素的形成。

1. 锌过量的症状表现

锌过量时，叶绿素含量也会明显降低，因为 Zn^{2+} 被植物吸收后，细胞内的 Zn^{2+} 作用于叶绿素生物合成途径的几种酶（叶绿素脂还原酶、6-氨基乙酰丙酸合成酶和胆色素脱氨酶）的肽链中富含 S—H 的部分，改变了它们的正常构型，抑制了酶的活性，阻碍了叶绿素的合成。

2. 锌不足的症状表现

锌不足时，植物生长发育停滞，叶片变小，节间缩短，形成小叶簇生等症状。此外，锌与叶绿素的形成有关，缺锌时会出现叶脉间失绿现象。发生时尽快使用锌制剂叶面喷雾可取得良好效果。

八、锰失调的症状特征

锰能促进光合作用，在叶绿体内有丰富的锰，是维持叶绿体结构所必需的元素。锰能增强植物呼吸强度，调节体内氧化还原过程。锰还能调整二价铁和三价铁彼此间的转化关系，进而影响铁盐完成的氧化还原反应。植物体内锰含量过高会导致缺铁，反之亦然。锰还能加快氮素代谢；促进种子萌发，有利于生长发育；提高抗病力。锰素营养充足可以增强作物对某些病害的抗性。

1. 锰过量的症状特征

锰过量的典型症状是在较老叶片上有失绿区包围的棕色斑点（即 MnO_2 沉淀），但更明显的症状往往是高锰含量诱发其他元素如铁、镁和钙的缺乏症。高锰含量还能增加 IAA 酶活性，使新生组织中生长素含量降低，丧失顶端优势而侧枝增多，从而形成丛枝病，这也是锰中毒的一个特征。

2. 锰不足的症状特征

缺锰症状表现为新生叶片脉间失绿黄化，严重时褪绿部分呈黄褐色或赤褐色斑点，逐渐增多扩大并散布于整个叶片。有时叶片发皱、卷曲甚至凋萎。缺锰早期出现灰白色浸润状斑点，新叶叶片脉间褪绿黄化，叶脉仍保持绿色，随后黄化部分逐渐变褐坏死，形成与叶脉平行的长短不一的线状褐色斑点，叶片变薄、柔软萎蔫，即褐线萎黄病。

九、铁失调的症状特征

铁是光合作用、生物固氮和呼吸作用中的细胞色素和非血红素铁蛋白的组成。铁在这些代谢方面的氧化还原过程中都起着传递电子的作用。

1. 铁过量的症状特征

铁过量容易发生铁中毒，症状是老叶上有褐色斑点，根部呈现灰黑色，容易腐烂。

2. 铁不足的症状特征

植物缺铁总是从幼叶开始，典型的症状是在叶片的叶脉间和细胞网状组织中出现失绿现象，在叶片上往往明显可见叶脉深绿而脉间黄化，黄绿相间相当明显。严重缺铁时，叶片上出现坏死斑点，叶片逐渐枯死。

十、硼失调的症状特征

硼是植物必需的营养元素之一。硼以硼酸分子（H_3BO_3）的形态被植物吸收利用，在植物体内不易移动。硼能促进根系生长，对光合作用的产物——碳水化合物的合成与转运有重要作用，对受精过程的正常进行有特殊作用。硼对作物生理过程有三大作用：① 促进作用。硼能促进碳水化合物的运转，植物体内含硼量适宜，能改善作物各器官的有机物供应，使作物生长正常，提高结实率和坐果率。② 特殊作用。硼对受精过程有特殊作用。它在花粉中的量，以柱头和子房含量最多，能刺激花粉的萌发和花粉管的伸长，使授粉能顺利进行。作物缺硼时，花药和花丝萎缩，花粉不能形成，表现出"花而不实"的病症。③ 调节作用。硼在植物体内能调节有机酸的形成和运转。缺硼时，有机酸在根中积累，根尖分生组织的细胞分化和伸长受到抑制，发生木栓化，引起根部坏死。硼还能增强作物的抗旱、抗病能力和促进作物早熟的作用。

1. 硼过量的症状特征

硼过量主要表现为：植株生长量减少；叶缘卷曲、变黄白；叶片相对透性增大。硼过量时，其下部叶的中毒症状和生理变化比上部叶明显。

2. 硼不足的症状特征

茎尖、根尖等生长点缺硼，会导致生长点发育受阻，侧芽或侧根增生，这是由于缺硼时，植物的生长点有过量的生长素累积。生长点是 IAA 产生的主要场所，其他部位的生长素大部分靠从根尖、茎尖等生长点部位运输进去；根尖、茎尖等生长点严重缺硼，会导致生长点坏死，硼有抑制 I-磷酸葡萄糖转化成淀粉的酶促作用，限制了糖在合成糖的部位过度聚合，保证了生长活跃组织有足够的溶性糖供给；根尖、茎尖等生长点缺硼，会引起作物的根心腐、顶芽褐腐在作物体内发生的磷酸戊糖代谢途径能合成酚类化合物，该化合物在筛管中易被还原为醌，而醌会破坏韧皮蛋白质管和丝状体网，出现褐色坏死组织；叶片缺硼，会导致叶片变厚、变脆、粗糙、皱缩。缺硼时，果胶含量减少，纤维素含量增加，致使植物细胞壁微结构变粗，层次减少，初生壁不平滑，上面有与细胞膜物质混合的泡状聚集物呈不规则的沉积，从而叶片变厚、变粗糙；花器缺硼，会引起生殖障碍。硼主要存在于植物的细胞壁中，如果缺硼，会使细胞壁中的硼糖组织无法顺利形成，表现花器官雌雄蕊发育畸形和花粉管生长停止。原则上在花蕾期我们选择硼制剂雾喷便可有效防治。

十一、钼失调的症状特征

钼参与植物体内氮代谢、促进磷的吸收和转运，对碳水化合物的运输也起着重要作用。钼是硝酸还原酶的活性组分。硝酸还原酶在大部分植物物种甚至于真菌和细菌中都可以发现，并且可能是植物能广泛生活于各种氮素环境的关键因素。这种酶是硝酸盐同化过程所必需的，

因为它催化 $NO_3 \rightarrow NH_3$ 转化的第一步。当钼缺乏时，硝酸还原酶活性降低，蛋白质的合成就会受到抑制。钼不仅参与生物固氮过程，还可能参与 P 和抗坏血酸代谢过程，钼对植物机体内维生素 C 的合成、含量和分解都有促进作用。如果在农作物环境中施用钼肥，则作物的维生素 C 含量增加。钼还被认为是植物中过量铜、硼、锰、锌等解毒剂。

1. 钼过量的症状特征

通常情况下，大多数的植物对钼的耐受性较强，即使土壤中有过多的钼也难以使植物表现出受害症状。大豆对钼比较敏感，但也需 20×10^{-6} 浓度处理才产生明显的危害；小麦和水稻的处理浓度大于 100×10^{-6} 时，才表现出明显的中毒症状。实际上一般土壤中钼的含量很难达到使植物中毒的水平，因此由于土壤中钼过量对植物产生危害的现象很少发生。

2. 钼不足的症状特征

钼不足会导致植株矮小，叶片脱落，叶片上出现很多细小灰褐斑点，叶片增厚发皱、向下卷曲、发育不良。

十二、铜失调的症状特征

铜是植物必需营养元素之一，铜以阳离子(Cu^{2+})的形态被植物吸收。铜的作用：① 铜是植物体内多种氧化酶的成分，与植物体内的氧化还原反应和呼吸作用有关；② 其对蛋白质代谢及叶绿素的形成有重大影响；③ 其能增强光合作用和促进花粉萌发和花粉管伸长，提高结实率。

1. 铜过量的症状特征

对于一般作物来讲，含铜量大于 20 毫克/千克时，作物就可能铜中毒。铜中毒的症状是新叶失绿，老叶坏死，叶柄和叶的背面出现紫红色。从外部特征看，铜中毒很像缺铁，这可能是由于铜过多时，会引起铜从生理重要中心置换出其他的金属离子（如铁等）。植物对铜的忍耐能力有限，铜过量很容易引起毒害。

2. 铜不足的症状特征

缺铜一般表现为幼叶褪绿、坏死、畸形及叶尖枯死；植株纤细，木质部纤维和表皮细胞壁木质化及加厚程度减弱；叶片卷缩，植株膨压消失而出现凋萎，叶片易折断，叶尖呈黄绿色；果实小，果僵硬。

营养失调症不是病，而是营养元素的补给或植物吸收不足或过量而产生，在确诊后充分根据元素间的相互关系，发挥协同作用，进行有效纠正。

第六节　九叶青花椒植物生长调节剂的使用技术

花椒在一年的生长周期中，包含了营养生长和生殖生长两个阶段，营养生长阶段管理的主要目的是促进当年挂果枝在采果后快速萌芽形成次年能挂果的枝条或枝段，促进其营养生长，为最终转化为生殖生长做准备，为形成次年有效的挂果枝提供保证。因此在营养生长阶段管理的重心是促进新萌枝的快速形成。此后，枝条逐渐自下而上（沿枝的下部向枝梢）从营养生长向生殖生长转化，进入相应的花芽分化期。其转化是否充分决定了花芽分化是否顺利进行，决定了次年花蕾的数量和挂果能力。因此从枝条开始发生生长转化至次年采果前，生长管理的重心依次为：促进枝条生长转化（降低先端优势，促进混合芽的形成）；促进花芽分化（打破休眠期花叶芽分化平衡，实现花芽分化速度大于叶芽分化速度）；保花保果（促进花粉管的生长，提高授粉率坐果率，防止落花落果）；膨果靓果（促进果皮细胞分裂增生和干物质的积累实现膨果作用，青花椒应提高花青素含量，红花椒应降低花青素含量来达到靓果目的的，以提高其商品性）。由此可见花椒在一个完整的物候期中，由于所处的物候期阶段不同，我们生产管理的重心将随之发生变化。为实现多花多果的丰产景象，在整个物候期中需对其生长中心进行调控并随生产需要转移生长中心，而为了实现这一过程，近年来对生长素及植物生长调节剂的研究已经广泛用于花椒产业，获得较大的突破与成功。

本节就植物生长调节剂的相关知识进行简介，然后根据花椒的物候期重点介绍促进枝条生长转化（控旺缩节促转化）、促进花芽分化、保花保果、膨果靓果 4 个阶段的生长素选择、协同配伍和正确使用等内容。

一、植物生长调节剂概述

（一）植物生长调节剂的概念

植物生长调节剂是用于调节植物生长发育的一类农药，是人工合成的对植物的生长发育有调节作用的化学物质和从生物中提取的天然植物激素。大量用于调节栽培植物生长、清除杂草的化合物，也用在植物器官或细胞的离体培养中。这些人造化合物简称为植物生长调节剂，简称 PGR。

（二）目前运用于农业生产中的植物生长调节剂

植物生长调节剂（Plant Growth Regulators）是一类与植物激素具有相似生理和生物学效应的物质。现已发现具有调控植物生长和发育功能物质有胺鲜酯（DA-6）、氯吡脲、复硝酚钠、生长素、赤霉素、乙烯、细胞分裂素、脱落酸、油菜素内酯、水杨酸、茉莉酸、多效唑和多胺等，而作为植物生长调节剂被应用在农业生产中主要是前 9 大类。

（三）农业生产中植物生长调节剂的功能分类

常见的植物生长调节剂有以下几类：

（1）速效：胺鲜酯（DA-6）、氯吡脲、复硝酚钠、芸薹素、赤霉素。

（2）延长贮藏器官休眠：胺鲜酯（DA-6）、氯吡脲、复硝酚钠、青鲜素、萘乙酸钠盐、萘乙酸甲酯。

（3）打破休眠促进萌发：赤霉素、激动素、胺鲜酯（DA-6）、氯吡脲、复硝酚钠、硫脲、氯乙醇、过氧化氢。

（4）促进茎叶生长：赤霉素、胺鲜酯（DA-6）、6-苄基氨基嘌呤、油菜素内酯、三十烷醇。

（5）促进生根：吲哚丁酸、萘乙酸、2,4-D、比久、多效唑、乙烯利、6-苄基氨基嘌呤。

（6）抑制茎叶芽的生长：多效唑、优康唑、矮壮素、比久、皮克斯、三碘苯甲酸、青鲜素、粉绣宁。

（7）促进花芽形成：乙烯利、比久、6-苄基氨基嘌呤、萘乙酸、2,4-D、矮壮素。

（8）抑制花芽形成：赤霉素、调节膦。

（9）疏花疏果：萘乙酸、甲萘威、乙烯利、赤霉素、吲熟酯，6-苄基氨基嘌呤。

（10）保花保果：2,4-D、胺鲜酯（DA-6）、氯吡脲、复硝酚钠、防落素、赤霉素、6-苄基氨基嘌呤。

（11）延长花期：多效唑、矮壮素、乙烯利、比久。

（12）诱导产生雌花：乙烯利、萘乙酸、吲哚乙酸、矮壮素。

（13）诱导产生雄花：赤霉素。

（14）切花保鲜：氨氧乙基、乙烯基甘氨酸、氨氧乙酸、硝酸银、硫代硫酸银。

（15）形成无籽果实：赤霉素、2,4-D、防落素、萘乙酸、6-苄基氨基嘌呤。

（16）促进果实成熟：胺鲜酯（DA-6）、氯吡脲、复硝酚钠、乙烯利、比久。

（四）植物生长调节剂的作用机理

对目标植物而言，植物生长调节剂是外源的非营养性化学物质，通常可在植物体内传导至作用部位，以很低的浓度就能促进或抑制其生命过程的某些环节，使之向符合人类需要的方向发展。每种植物生长调节剂都有特定的用途，而且应用技术要求相当严格，只有在特定的施用条件（包括外界因素）下才能对目标植物产生特定的功效。往往改变浓度就会得到相反的结果，例如在低浓度下有促进作用，而在高浓度下则变成抑制作用。某些植物生长调节剂以高浓度使用就成为除草剂，而某些除草剂在低浓度时也有生长调节作用。植物生长调节剂有很多用途，因品种和目标植物而不同。例如，控制萌芽和休眠；促进生根；促进细胞伸长及分裂；控制侧芽或分蘖；控制株型（矮壮防倒伏）；控制开花或雌雄性别，诱导无籽果实；疏花疏果，控制落果；控制果的形或成熟期；增强抗逆性（抗病、抗旱、抗盐分、抗冻）；增强吸收肥料能力；增加糖分或改变酸度；改进香味和色泽；促进胶乳或树脂分泌；脱叶或催估（便于机械采收）；保鲜等。

（五）植物生长调节剂对植物生长发挥的作用

植物激素是指植物体内天然存在的对植物生长、发育有显著作用的微量有机物质，也被称为植物天然激素或植物内源激素。它们的存在可影响和有效调控植物的生长和发育，包括从细胞生长、分裂，到生根、发芽、开花、结实、成熟和脱落等一系列植物生命全过程。

植物生长调节剂是人类在了解天然植物激素的结构和作用机制后，通过人工合成与植物激素具有类似生理和生物学效应的物质，在农业生产上使用，有效调节作物的生育过程，达到稳产增产、改善品质、增强作物抗逆性等目的。按照登记批准标签上标明的使用剂量、时期和方法，使用植物生长调节剂对人体健康一般不会产生危害。如果使用不规范，可能会使作物过快增长，或者使生长受到抑制，甚至死亡；对农产品的品质会有一定影响，并且对人体健康产生危害。例如，可以延长马铃薯、大蒜、洋葱贮藏期的青鲜素（抑制发芽）具有致癌作用。我国法律禁止销售、使用未经国家或省级有关部门批准的植物生长调节剂。

（六）植物生长调节剂的使用要点

（1）用量要适宜，不能随意加大用量。植物生长调节剂是一类与植物激素具有相似生理和生物学效应的物质，不能过量使用。一般每亩用量只需几克或几毫升。有的农户总怕用量少了没有效果，随意加大用量或使用浓度，这样做不但不能促进植物生长，反而会使其生长受到抑制，严重的甚至导致叶片畸形、干枯脱落、整株死亡。

（2）不能随意混用。很多菜农在使用植物生长调节剂时，为图省事，常将其随意与化肥、杀虫剂、杀菌剂等混用。植物生长调节剂与化肥、农药等物质能否混用，必须在认真阅读使用说明并经过试验后才能确定，否则不仅达不到促进生长或保花保果、补充肥料的作用，反而会因混合不当出现药害。比如，乙烯利药液通常呈酸性，不能与碱性物质混用；胺鲜酯遇碱易分解，不能与碱性农药、化肥混用。

（3）使用方法要得当。有的菜农在使用植物生长调节剂前，常常不认真阅读使用说明，而是将植物生长调节剂直接兑水使用。是否能直接兑水一定要看清楚，因为有的植物生长调节剂不能直接在水中溶解，若不事先配制成母液后再配制成需要的浓度，药剂很难混匀，会影响使用效果。因此，使用时一定要严格按照使用说明稀释。

（4）生长调节剂不能代替肥料施用。生长调节剂不是植物营养物质，只能起调控生长的作用，不能代替肥料使用，在水肥条件不充足的情况下，喷施过多的植物生长调节剂反而有害。因此，在发现植物生长不良时，首先要加强施肥浇水等管理，在此基础上使用生长调节剂才能有效地发挥其作用。

（5）植物生长调节剂属于农药类产品，产品包装必须有正规"农药三证"，标示带为黄色。

（6）严格按照说明书使用，做好防护措施，防止对人、畜及饮用水安全造成影响。

（七）植物生长调节剂的特点优势

（1）作用面广，应用领域多。植物生长调节剂可适用于几乎包含了种植业中的所有高等和低等植物，如大田作物、蔬菜、果树、花卉、林木、海带、紫菜、食用菌等，并通过调控植物的光合、呼吸、物质吸收与运转、信号传导、气孔开闭、渗透调节、蒸腾等生理过程的调节而控制植物的生长和发育，改善植物与环境的互作关系，增强作物的抗逆能力，提高作物的产量，改进农产品品质，使作物农艺性状表达按人们所需求的方向发展。

（2）用量小、速度快、效益高、残毒少，大部分作物一季只需按规定时间喷用一次。

（3）可对植物的外部性状与内部生理过程进行双调控。

（4）针对性强，专业性强。可解决一些其他手段难以解决的问题，如形成无籽果实、防治大风、控制株型、促进插条生根、果实成熟和着色、抑制腋芽生长、促进棉叶脱落。

（5）植物生长调节剂的使用效果受多种因素的影响，而难以达到最佳。气候条件、施药时间、用药量、施药方法、施药部位以及作物本身的吸收、运转、整合和代谢等都将影响到其作用效果。

（八）植物生长调节剂的管理法规

根据《农药管理条例》规定，植物生长调节剂属农药管理的范畴，依法实行农药登记管理制度，凡在中国境内生产、销售和使用的植物生长调节剂，必须进行农药登记。在申办农药登记时，必须进行药效、毒理、残留和环境影响等多项使用效果和安全性试验，特别在毒理试验中要对所申请登记产品的急性、慢性、亚慢性以及致畸、致突变等毒理进行全面测试，经国家农药登记评审委员会评审通过后，才允许登记。

二、花椒植物生长调节剂使用技术

花椒在一个物候期的生长过程中，为实现多花多果丰产的目标，在不同的特定物候期、特定的树势情况下和严格的时间节点准确使用不同种类的植物生长调节剂能达到预期效果，有效降低生产成本，实现增产增收的目的。

本小节重点介绍九叶青及其系列品种在特定物候期下的生长调节、花椒植物调节剂使用的种类、特定物候期时间节点的植物调节剂协同配伍、使用方法及使用注意事项。

（一）九叶青花椒（含以此为母本的培育品种）特定物候期下的生长调节剂使用的目标

九叶青花椒及其培育的青花椒系列品种，在全年的生长周期中，按其物候期特点需要，在生产管理中实施植物生长调节，大致分为以下几个物候期阶段：

1. 营养生长期

此阶段为挂果枝修剪后促进萌芽和次年挂果枝快速生长发育的时间段，也就是促进地上部分枝叶群的快速生长。在生产中如果土壤肥沃、基肥充足，萌枝能力较强，枝条生长速度较快，一般不考虑使用植物生长调节剂进行调节。但对于一些特殊土壤或第二生长高峰期较短的地区往往需要考虑，使用促进秆茎长长生长的植物调节剂加速枝条的长长生长能取得较好的效果。在单一使用此类调节剂时往往会抑制地下部分的生长，因此在使用时应选择与促进地下部分根系生长的调节剂或肥类进行配伍使用，以达到地上地下部分的平衡，方可取得良好效果。

2. 生长转化期

生长转化期为培养的挂果枝从基部开始至枝梢营养生长向生殖生长转化的过程，此阶段往往在一根枝条上存在两种生长方式：一种为枝条生长端的营养生长，另一种为枝条下端枝段的生殖生长。在整个生长中，营养生长的速度逐渐减慢（表现为营养生长枝段逐渐变短），生殖生长的速度逐渐加强（表现为生殖生长枝段逐渐变长），直到全枝条从基部一直至枝梢完全转化到生殖生长过程中来而实现枝条生长的充分转化。在此过程中，形态变化顶芽生长中心的活动逐渐减弱，腋芽（混合芽）生长中心逐渐增强，最终生长中心由顶芽转移至腋芽，一直维持至花芽分化、开花、结果和膨果的整个过程。在生长转化期，我们的生产目的是促进枝条从营养生长转化到生殖生长过程中，控制或减缓枝条的长长生长，达到控旺的目的，缩短节间长度，实现单位长度的刺节增多，以获得同一单位长度更多的花芽数，促进腋芽（混合芽）的生理分化而非形态分化。因此，此阶段的植物生长调节剂的使用应当实现三个功能：控旺、缩节和促腋芽生理分化。

3. 花芽分化期

在枝条进入生长转化期时，从枝条的基部就开始了花芽的生理分化[含花序原基质积累期、花序分化期、花轴分化期、花萼分化期（有萼品种）]，直到休眠后期至次年气温回暖进入花芽的形态分化期。一进入形态分化期首先表现为混合芽体的形态学变化，花芽的形态日趋明显直至形成花蕾，进入花蕾分化期和花蕊分化期至花期结束。花芽分化期中的生理分化过程在枝条的生长转化过程中已经逐步实现并完成，本期重点讨论花芽在形态分化过程中的生长调节，以实现花芽形态学分化的充分实现，提高花蕾数和花蕾质量，促进雌雄花花蕊（花椒是雌雄同花）的分化长长、长粗，提高授粉率和坐果率。由于其分化阶段时间节点不同，我们分两个阶段进行讨论：

（1）休眠期后期：打破休眠，突破花芽的形态学分化与叶芽的分化平衡，使混合芽的花芽部分得到应有的形态学发育生长，为后期气温回暖花蕾分化形成数量与质量的保证，实现多花多果的丰产情景。本阶段的目的是打破后期休眠，突破花芽的形态学分化与叶芽的分化平衡，促进花芽形态学发育生长，简单说就是让已经完成生理分化的花芽在低温休眠期的后期进行形态学的发育生长。因此一些椒农或农资人将此阶段使用的调节剂称为"醒苞药"。"苞"，芽苞也，包括含叶芽与花芽的混合芽体，而在此阶段促进叶芽的发育生长是无生产意义的且是有害的，所以严格来说，"醒苞药"的提法是不准确的，称之为"促花芽分化药"或"促花芽形态分化药"更为准确。

（2）花蕾期：次年气温回暖后，重庆大部地区在2月上中旬或下旬开始出现花轴抽生（花轴长长、长粗的花轴形态学分化），有序着生于花轴上的花芽也就伴随着发生形态学的分化形成花蕾而进入花蕾期直至花期结束，重庆市大部分地区于3月下旬至4月上旬初期，各个地区因气候的不同物候期也不同，具有不同的起止时间；同一地区由于年度气候的变化，每一年的起止时间也略有变化。在此阶段花轴抽生越长其花蕾在花轴上的分布越稀；反之越密。过稀，成果后果柄变长且在果轴上易萌发新枝形成枝果同轴现象，同时会形成散籽且易落果；太密，成果后果柄太短，形成的果实间距太小，不利果实的生长发育，不易完成膨果，易形成小果甚至加重落果现象，造成损失。花蕾分化中后期当气温达到15摄氏度左右时开始了花蕊（花粉管）的形态学分化，只有当花蕊分化长至一定的长度与粗度且具有相应的雌雄蕊配比方，可提高授粉率进而提高坐果率，以实现"半树花一树果"的丰产表现；否则将会出现"一树花半树果"的情景，造成坐果不理想的局面。本阶段的生产管理目标为：促进花轴适度抽生至合理的范围，在九叶青生产管理中通常以同一花束的花蕾数来确定花轴长度，原则上花束的花蕾数在50~80个的，花轴长度在花期到来时可控制在4~6厘米，花蕾数在80~120个的，花轴长度在花期到来时可控制在6~9厘米，花蕾数大于120个的，花轴长度在花期到来时可控制在9~12厘米，花轴上花蕾数量越多花轴越长最终形成花蕾在花轴上的分布稀密度均匀理想，利于果实生长发育提高其商品性；促进花蕾的形态学分化（发育生长），形成数量和质量均有保证的花蕾；促进花蕊的形态分化和雌雄蕊的适度比例以增加授粉能力提高坐果率；防止生理性和病理性落花现象的发生。在生产管理过程中不少椒农或业主称本阶段生长调节的用药为"保花药"，在生产中实际使用时除了使用植物生长调节剂外还配伍着与之具协同作用的元素、花蕾蛆防治的药物一起进行，取得良好效果。

4. 成籽期

花椒在花期之后快速坐果进入成籽期，直至开始进入膨果期（外观色泽开始从淡黄转至淡绿色）成籽期才结束。在重庆市及四川南部大部分地区，成籽期开始于3月底或4月初，结束于4月下旬初期或后期，进入5月花椒在该地区完全进入膨果期。各个地区因气候的不同，物候期也就不同，具有不同的起止时间；同一地区由于年度气候的变化每一年的起止时间也略有变化。此阶段从成籽开始至结束经历两次生理落果期，第一生理落果期往往发生在成籽后一周左右，第二生理落果期往往发生在进入膨果期前五天左右，二者间隔时间因地方气候条件的不同而有变化。本阶段生产管理的目标：一是防止生理落果；二是加速果柄木质化程度的提高，减少外因机械引起落果；三是保证果实正常的发育生长，为后期的膨果期形成健康果提供保证。在生产管理过程中，不少椒农或业主称本阶段生长调节的使用为"保果药"，在生产中实际使用时除了使用植物生长调节剂外还配伍着与之具协同作用的元素、病虫防治的药物一起进行，取得良好效果。

5. 膨果期

膨果期指成籽期后期果实色泽从淡黄转至淡绿直到翠绿色，果实表面油包日趋突出，果实日趋变大直至进入果实成熟期前的这一阶段。通常在重庆和川南大部分地区开始于4月下旬终止于6月上旬，各个地区因气候的不同，物候期也不同，具有了不同的起止时间；同一地区由于年度气候的变化每一年的起止时间也略有变化。本阶段生产管理的目标：一为促进果实的膨大生长特别是果皮的增厚生长；二为促进干物质的积累；三为提高果实色泽（青花椒）达到靓果，以提高果实商品性的目的。在生产管理过程中不少椒农或业主称本阶段生长调节的使用为"膨果药"，在生产中实际使用时除了使用植物生长调节剂外还配伍着与之具协同作用的元素、病虫防治的药物一起进行，效果明显。

花椒生产管理是一个连贯的过程，各物候期的管理侧重不同，如某一物候期管理不到位，其后果在以后的物候期的管理过程中是无法弥补的，在生产中环环相扣不容忽视。

（二）九叶青花椒及系列品种生长调节剂选择的种类、作用、用量和用法

九叶青花椒及系列品种的生长调节剂种类，用量是根据上述各物候期的生长调节需要进行选择使用和配伍使用。

1. 营养生长期

其生长调节的目的为促进萌芽和次年挂果枝快速生长。在生产中我们可以参照选择表3-4配伍来实现这一目标。

表3-4 花椒营养生长期生长调节剂的使用

使用调节目标	选择品种	配制浓度	使用方法
促进萌芽	赤霉素	2 000～2 500 倍液	
促进茎叶生长	细胞分裂素	1 200～1 500 倍液	混合雾喷萌芽桩
促进根系生长	芸薹素内酯	2 500～3 000 倍液	
配伍肥类	适度补充氮肥	600～800 倍液	

2. 生长转化期

其生长调节的目的为实现三个功能：控旺、缩节、促生长转化。在生产中我们可以参照选择表3-5配伍来实现。

表3-5 花椒生长转化期生长调节剂的使用

使用调节目标	选择品种	配制浓度	使用方法
控制枝条旺长	烯效唑	首次800倍液，随次数增加，倍数降低200倍液	
缩短节间	多效唑	首次3 500倍液，随次数增加，倍数降低500倍液	混合雾喷枝条的阶段性生长段，随次数的增加逐渐外移
促进生长转化并平衡	芸薹素内酯	2 000～2 500 倍液	
促进花芽分化	磷酸二氢钾	200～400 倍液	
配伍元素类	微量元素类	600 倍液	

3. 休眠后期

其生长调节的目的为打破后期休眠，突破花芽分化与叶芽的分化平衡，促进花芽形态学

发育生长。在生产中我们可以参照选择表3-6配伍来实现。

表3-6 花椒休眠后期生长调节剂的使用

使用调节目标	选择品种	配制浓度	使用方法
打破休眠	赤霉乙酸	1 500 倍液	混合雾喷挂果枝腋芽区域，间隔12~15天重复一次
促进花芽形态分化	细胞分裂素	800 倍液	
	芸薹素内酯	2 000 倍液	
配伍元素类	亚磷酸钾微量元素	800 倍液	

4. 花蕾期

本阶段调节的目的是促进花轴适度抽生至合理的范围；促进花蕾的形态学分化（发育生长），形成数量和质量均有保证的花蕾；促进花蕊的形态分化和雌雄蕊的适度比例，以增加授粉能力提高坐果率；防止生理性和病理性落花现象的发生。在生产中我们可以参照表 3-7 配伍来实现。

表3-7 花椒花蕾期生长调节剂的使用

使用调节目标	选择品种	配制浓度	使用方法
促进花轴适度抽生	赤霉乙酸	2000 倍液	混合雾喷花蕾，间隔8~12天重复一次
促进花蕾发育生长	芸薹素内酯	2000 倍液	
促进花蕊长长、长粗	99%速效硼	1200 倍液	
增加授粉、坐果率	催花授粉坐果灵	400 倍液	

5. 成籽期

本阶段调节的目的：一是防止生理落果；二是加速果柄木质化程度的提高减少外因机械引起落果；三是保证果实正常的发育生长，为后期的膨果期形成健康果提供保证。在生产中我们可以参照表3-8配伍来实现。

表3-8 花椒成籽期生长调节剂的使用

使用调节目标	选择品种	配制浓度	使用方法
防止生理落果	芸薹素内酯	2 000 倍液	在第一生理落果期到来前混合雾喷一次
促进果柄木质化	亚磷酸钾	1 200 倍液	
促进果实正常发育	细胞分裂素	800 倍液	
配伍的元素	微量元素	600 倍液	

6. 膨果期

本阶段调节的目的：一是促进果实的膨大生长，特别是果皮的增厚生长；二是促进干物质的积累；三是提高果实色泽（青花椒）达到靓果，以提高果实商品性的目的。在生产中我们可以参照表 3-9 配伍来实现。

表 3-9　花椒膨果期生长调节剂的使用

使用调节目标	选择品种	配制浓度	使用方法
促进果皮增厚生长	细胞分裂素	800 倍液	混合雾喷
促进干物质积累	芸薹素内酯	2 000 倍液	
促进果实靓果	亚磷酸钾	1 200 倍液	
配伍的元素	氮元素	400 倍液	

第七节　新建园快速投产管理措施与方法

九叶青花椒树势生长速度较快，幼苗期在合理进行肥水管理的前提下能得到快速生长。为实现一年种两年初果三年盛果的生产目标，在生产中我们要注意以下管理细则：

（1）选择品种纯正（以江津种源的团叶九叶青品种表现最佳）、健康、健壮、发育良好的短期培育苗（原则上选择前一年 10 月前播种，12 月装杯，次年 3 月上旬或更早出苗，带杯高度 15~20 厘米、苗龄 5~8 月的营养杯苗最佳），移植时间选择在 3 月上旬至 4 月中旬方可实现次年初果。

（2）幼苗期强化肥水管理，至 5 月中旬或 6 月中旬展开定干工作前，选择稀薄农家粪水或鸡粪或尿素肥稀释或高效水溶肥灌施，原则上每间隔 12~15 天施肥一次。随时间推移，苗生长态势进展，根据苗生长情况可选择适当缩短施肥周期，加重施肥量和施肥次数。总之通过施肥让苗的主干尽可能在短时间内得到快速增粗，树势得到快速生长。

（3）选择适时定干。定干时间选择在 4 月下旬至 7 月上旬，时间安排上越早越好，最适时间为 5 月中下旬。当苗高长至 40 厘米左右时保留主干高 40 厘米进行摘心定干，在定干前 5~7 天重施肥一次，以促进定干后新枝快速萌动生长。

（4）适时培养次年初果挂果枝。定干后萌生出来的枝条均具有次年挂果的萌芽时间条件，为不影响幼苗期树势生长和防止早衰，原则上每株以培养 5~8 个次年挂果枝为佳，在主干上萌发出来的枝条全部保留，并培养为次年的初果枝。

（5）适时控制速效肥，强化磷钾肥的补充。当新萌枝长至 40 厘米左右时，减少速效肥的施放（根据苗势与枝条叶片情况可适量用一部分，但一定要控制好量，把握好度），而转为高磷钾肥的施放，以促进苗秆、枝的增粗生长和根系生长，提高植株的抗逆性，促进枝从营养生理生长向生殖生长的转化。

（6）适时防治病虫害。根据花椒病虫害的发生规律，切实做好在虫口期进行防治的工作，以保证苗的健康发育，真正做到园区无爆发性病虫害，让苗不受病虫害发生后的干扰而影响其生长发育。

（7）准确使用生物制剂。当萌枝长至 40~60 厘米左右时选择控旺药物和缩短节间药物适时雾喷，同时注意补充高磷钾叶面肥，以促进向生殖生长的过渡生长发育。在当年 12 月下旬（各地物候期不同，时间上有些变化，原则上以花椒进入休眠期后 20~30 天为标准）选择催花芽药物（芸薹素和适度赤霉乙酸）进行雾喷，打破休眠以促进花芽的正常发育，打破花叶芽的分化平衡，实现多花多果的生产目的。于次年当挂果枝上显现花蕾时，原则上在花蕾期的中前期选择高效活性硼制剂进行雾喷 3~4 次，以促进花粉管的生长，提高授粉率，以提高坐果率。

（8）强化土壤管理，防止地下水位过高引发沤根出现冬季落叶。园区内保证排水系统畅通无阻，降低地下水位，保持土壤疏松，提高土壤空气含量，以保证营养根系呼吸功能正常，促进苗势生长发育。

（9）适时摘心，压枝，降低先端优势，促进腋芽发育。在 10 月下旬，当气温降低至 15 摄氏度以下时，进行挂果枝摘心工作（原则上此次摘心以不伤次年挂果位置为宜），压枝与摘心工作同步进行。

（10）适时剪除无花无果枝。待次年现花蕾时，凡无花蕾的枝段要即时剪除，春季新萌新枝新梢即时抹除，以促进营养供给生长中心花与果的生长。

第四章
椒园全年管理技术方案及农事安排

前面的章节已经对花椒的种植、管理、病虫害防治进行了全面的叙述。从事花椒业生产的朋友们通过学习，可能对椒园管理已经形成初步的概念。然而在具体的生产中，九叶青花椒园管理具有极强的季节性，就是具有相同管理水平的不同椒农，采取了相同的管理技术进行管理，仅管理时间出现差异，也会收到不同的效果，这充分说明椒园管理中对时间节点的把控特别重要。因此对不同地区、不同椒园制订不同的科学、合理、实用的椒园全年管理技术方案，用以指导椒园的全年管理是椒农朋友迫切需要的。本章就九叶青花椒管理技术标准和管理时间安排进行论述，主要包括九叶青花椒园全年管理技术方案和管理时间安排制订依据、全年的农事安排两个方面的内容。

第一节　九叶青花椒园全年管理技术方案制订的依据

一个生物物种的产生、生长、壮大依赖于这一物种对其生存环境的适应能力的不断提高。生存环境包括供其生长的土壤、水源、大气、温度、湿度、日照、霜冻期等诸多影响其正常生存的因素。如生存环境适宜，其长势优秀，该物种将表现出优秀的种属特性；如生存环境不适宜，其长势不理想，该物种将不能表现出优秀的种属特性。九叶青花椒对生存环境的选择是严格的，这一椒种属于典型的亚热带或温带树种，具有典型的喜光性、好气性、耐旱性和适应性。如何选择一个适宜九叶青花椒生存的环境是九叶青花椒得以正常生长的前提。而这个生存环境只能在广阔的田野中进行选择，人类无法大面积地制造这一适宜性环境。这一环境的选择确定，是制订其椒园全年管理技术方案最客观的依据。其次，有了适宜的生存环境，物种的生物学特性和物候期特征是制订管理技术标准的主观依据。同时在制订地方椒园全年管理技术方案时要充分参考国家相关行业执行标准并以此为依据，制订出符合国家行业执行标准，又适合地方产业特征的可行性椒园全年管理技术方案，用以指导生产，方可取到事半功倍的效果。本节就九叶青花椒园全年管理技术方案的制订依据进行简单的探讨。

一、九叶青花椒园管理技术方案制订的客观依据

客观依据是指九叶青花椒的生存环境和国家行业执行标准。生存环境是最直接的物种生

存空间，是客观存在的自然条件和现象；国家行业执行标准是国家制定的相应农产品生产管理技术规范和行业行为，是指令性文件。

（一）九叶青花椒的生存环境要求

1. 温　度

在年平均气温 8～18 摄氏度的地区均可栽培，在 13～16 摄氏度的地区生长良好。年平均气温低于 10 摄氏度的地区容易出现冻害，年平均气温高于 16 摄氏度的地区容易出现旱情而缩短寿命。

2. 日照时间

年日照时间在 1 150～1 800 小时的地区，花椒生长良好；年日照时间低于 1 200 小时或高于 1 800 小时的地区，花椒的物种属性得不到良好表现。

3. 降雨量

平均年降雨量在 500～1 400 毫米的地区能满足花椒正常生长。其中，在 800～1 200 毫米，且在 6 月前降雨分布均匀（5—8 月具有典型的雨季气候特征）的地区，花椒长势和丰产性能表现最好，即雨热同季地区九叶青花椒表现种属特性较充分。

4. 霜冻期

平均年霜冻期低于 65 天的地区，九叶青花椒生长良好，而以霜冻期维持在 45 天左右的地区，种的属性表现最为优秀。在一些高海拔强日照地区、霜冻期较长地区也能表现出良好效果。

5. 土壤情况

九叶青花椒以通透性强的遂宁质红色沙壤土生长最好，喀斯特地貌的石灰岩土壤次之，黏壤土最差。pH 值在 6.5～8.0 的土壤均可种植，但以 pH 6.8～7.5 的土壤丰产性最好。

6. 风　力

年最大风力低于 5 级的地区均适宜九叶青花椒的种植，在风力 5 级以上的地区尽可能选择避风的坡地进行建园。

7. 坡　向

九叶青花椒适宜在坡地的南坡面生长，而北坡面生长的情况略差，种的属性表现不完美。

九叶青花椒对其生存环境（立地条件）的要求，决定了九叶青花椒在地球上的生物分布带，它的生物带应当在北纬 26～39.5 度，东经 101～119 度的狭长地区，这一区域属于亚热带季风或内陆气候的常绿阔叶林带。

（二）行业执行标准

我国花椒行业至今没有制订出统一的执行标准，在其产品认证和产地认证过程中，多采用农产品的相关标准进行认证。在相关的花椒产品认证过程中，各省市制订了相关的地方标准作为指导。但随花椒产品利用领域的扩展、销售市场的扩大、产业链的延伸，这些地方标准不能适应未来产业发展的需要，特别在现有绿色食品、有机食品备受青睐的现状下，花椒产品的生产执行标准必须与国际标准接轨的情况下，我国应当加强这一方面行业标准的制订，并以此为指令性文件，落实到花椒产业的生产、管理、加工等过程中。2009年，农业部已经着手准备制订青花椒行业执行标准，但由于原始数据采集是一个艰难而漫长的过程，至今还未完成数据采集工作，希望能早日完成，早日形成生产执行标准，早日试行，用以指导相关管理技术方案的制订与实施。

二、九叶青花椒园管理技术方案制订的主观依据

九叶青花椒园管理技术方案制订的主观依据是九叶青花椒自身的生物学特性和物候期特征。它是制订符合地方椒园管理技术执行标准的固有物种依据，如果脱离生物学特性和物候期特征，制订的椒园管理技术方案将是不符合物种生长要求的，这样的方案是不讲科学原理的，是不能用以指导生产的标准。

（一）用以指导制订椒园管理技术方案的生物学特性

（1）"九叶青"花椒以一年生中果枝（20~35厘米）、长果枝（80~120厘米）为主要结果枝，一般在3月上中旬萌芽现花蕾，而花芽分化过程在上年秋季开始一直跨越整个晚秋、冬季和初春的漫长过程；3月下旬至4月上旬开花，若当年气温较高，花期还将提前；4月上中旬花谢；4月中下旬果实开始发育；6月上中旬果实着青色，可以食用；最佳采收时间是5月下旬至7月上旬，最迟不超过立秋前后的8月上中旬，因为花椒种子在立秋前后已经成熟，如不及时采收，花椒将自行脱落，可能影响江津"九叶青"花椒特有的青花椒外观及麻香品质。但是，若需采收椒种，则应把花椒果实蓄留到9月上旬的"白露"前后。11月中下旬或12月初立冬节前后花椒进入休眠期，根系、枝条均停止生长。

（2）"九叶青"花椒的枝条生长有两次高峰：3月上中旬至6月上旬是速生阶段，6月下旬至9月下旬出现第二次生长高峰，10月中下旬转缓，进入休眠期基本停止生长。

（3）"九叶青"花椒为浅根性树种，根系垂直分布较浅，而水平分布范围广，水平扩展范围可达15米以上，约为树冠直径的5倍，具有良好的水土保持的作用。

（4）"九叶青"花椒枝条萌芽力强，能耐强度修剪，隐芽寿命较长，据此特性可对多年生枝进行更新，树干也能萌发新枝，可延缓衰老和延长结果期。

（5）"九叶青"花椒生长快，结果早，一年生苗可达1米以上；经营管理好的椒树，第二年可开花结果，每株可产鲜花椒0.5~1.5公斤；3~4年大量结果，单株产量在4~12公斤，并延续10~15年，每株最高可产鲜花椒20公斤左右；椒树生长寿命30~40年，衰老后可采用砍伐萌芽更新。

（二）用以指导制订椒园管理技术方案的物候期特性

1. 枝条速生期

枝条生长有两次高峰：3月中旬至6月上旬是速生阶段，生长转缓；6月中旬至9月中旬

又出现第二次生长高峰，10 月中下旬转缓，休眠期基本停止生长。

2. 果实膨大成熟期

4 月上旬挂果后，快速进入膨果期，至 5 月下旬结束，6—8 月为果实成熟期。

3. 根茎速生期

每年开春后，气温达到 8 摄氏度以上时，进入根茎速生期，一直到 4 月减缓。

4. 花芽分化期

当年新生枝于 8 月中下旬开始进入花芽分化期，8 月中旬开始至次年开花前花芽分化最重要的时期，包含了 6 个阶段。

5. 花芽萌动期

2 月下旬或 3 月上旬，气温达到 8 摄氏度以上时开始花芽的萌动，至 3 月中下旬或 4 月上旬结束并开花。

6. 成籽期

在开花时一周内进入成果期，一般在 4 月上旬或中旬结束。

7. 果实膨大期

继成籽期后，在 40～45 天内完成膨果。

8. 果实成熟期

果实成熟期是果核发育的重要时期，一般在 6 月上旬至 9 月中旬。

9. 休眠期

11 月中下旬至来年 2 月中下旬。枝叶、根茎全部停止生长。

10. 营养生长期

营养生长期是指在每一年采果修剪后新的挂果枝开始萌动直至从营养生长向生殖生长转化开始的较为短暂的时间。在中纬度地区通常在采果开始至新枝长至 60 厘米止的这段时间，时间长短不一。同一枝挂果枝在此阶段可以同时处于营养生长期、过渡期和生殖生长期，没有明显的时间区划。

11. 生殖生长期

生殖生长期是指每年新培养的挂果枝开始出现花序原基质分化积累至次年果实完全成熟采摘的漫长时期，历经了花芽分化、开花、成籽、膨果和果实成熟的过程。

12. 过渡期

过渡期是指每一年采果后新的挂果枝形成后，挂果枝从营养生长向生殖生长转化的短暂时期。

九叶青花椒的生物学特性和物候期特性决定了九叶青花椒全年管理的模式，是制订椒园管理技术方案的重要依据。

第二节 九叶青花椒园全年管理农事安排及技术方案

笔者通过近年来在重庆市各花椒生产区县和椒园指导工作中的实际情况和管理技术要求的不断积累，经过大量业内科技工作者提供的资料分析，结合重庆地区气候特征、立地条件、九叶青花椒生物学特性和物候期特征，制订出九叶青花椒园全年管理技术方案及农事安排。技术方案和农事安排是在指导过程中实践基础上的经验总结，带有一定的片面性和狭隘性，因椒园的地理区域特征不同而略有差异，特别是在农事安排的时间季节性上应当根据各椒园的当年气候特征进行适当的调整，这得依赖椒农朋友日常管理的经验来完成，理论上时间误差不会超过 5 天。其中涉及的施肥，要根据椒园实际土壤情况和椒树生长情况来进行测土施肥、配方施肥；夏季修剪也应当根据当地气候条件和当年秋分时间进行调整，切不可生搬硬套。因此，本方案从严格意义上讲适用于九叶青花椒这一物种，同时适用区域应当是重庆地区及相关九叶青花椒种植区，且具有良好种属特性表现的地区。

一、九叶青花椒园全年管理农事安排

九叶青花椒园全年管理农事安排如表 4-1：

表 4-1 1—12 月农事安排

	1 月份	2 月份	3 月份	4 月份	5 月份	6 月份
肥水管理		下旬：萌动期肥（花前肥）：40 总含量复合肥每株 100~150 克撒施		下旬：膨果肥：45 含量复合肥每株 150~200 克撒施	5 月下旬开始（采果前一周），基肥：尿素或冲施肥，每株 250~400 克撒施或灌施	
树体管理		中旬：剪除树上无花蕾枝条和新萌枝			采果修剪与疏枝	
病虫害防治与生物制剂运用	催花芽药物	催花芽药物	保花药物	保果药膨果药		
土壤管理			全园除草		树盘除草	

	7 月份	8 月份	9 月份	10 月份	11 月份	12 月份
肥水管理		下旬：花序分化期肥		中旬或下旬：打顶肥	下旬：可以越冬肥	上旬：越冬肥
树体管理	疏枝，剪除枯枝、细小枝，短剪挂果枝侧生枝（保留 2~3 个刺节）			下旬：摘心压枝	清除病枝、枯枝、吊枝、细小枝	
病虫害防治与生物制剂运用	营养生长期调节与病虫防治	下旬生长转化期调节	生长转化期调节	生长转化期调节	全园雾喷	下旬：芸薹素（氨基酸）25 克 + 赤霉素 50 克，雾喷挂果枝花芽 1 次
土壤管理	树盘覆盖		全园除草		全园清杂清沟	

备注：本表为重庆江津区农事安排表，其他地区根据物候期调整。

二、椒园全年管理技术方案分解

1. 1 月份椒园管理技术方案

（1）继续上年度 12 月份未进行完的工作，做好保温保暖和全园清园工作。此时是一年中重庆地区最冷的时候，必要时可进行雾喷生物调节剂进行保温。

（2）根据椒园情况，结合清园工作可进行椒园土壤深翻。具体方法参见椒园土壤管理部分。

（3）病虫害防治与生物制剂使用以表 4-1 为依据选用。

2. 2 月份椒园管理技术方案

（1）上中旬继续做好保温保暖和全园清园工作。

（2）下旬去除保温覆盖物，以园中草皮覆盖树脚的保温方法，此时可将树脚的草皮均匀的分撒到椒园中，是较理想的绿肥。

（3）施促花前肥：在下旬进行，可根据当年气候情况，如温度提高得快可在前几天施，如慢可在后几天施。选择尿素（50～100 克）＋油枯（250～500 克）＋硫酸钾型三元复合肥40%（800～1 000 克）进行配方，按每株施 100～150 克。

（4）病虫害防治与生物制剂使用以表 4-1 为依据选用。

3. 3 月份椒园管理技术方案

（1）树盘除草：当开春后，野草萌生非常快，根据椒园情况，在杂草长至 10 厘米以上时，对树盘进行除草，除草的区域为椒树滴水线以内的部分。注意，在除草时以除去草皮为标准，不可将皮下层土壤挖松，此时花椒的根茎发育生长较快，土壤挖松时可能伤害花椒营养根。

（2）进行枝接：主要是针对椒园中存在的一些低产树、返祖现象树、品种属性表现不充分的椒树进行改换嫁接。嫁接时间上中旬，嫁接方法与嫁接育苗方法一致，参见嫁接育苗章节的枝接技术要求。

（3）病虫害防治与生物制剂使用以表 4-1 为依据选用。

（4）抹除挂果枝上的萌枝。3 月开始，当年挂果枝上又开始萌生新枝，其新枝主要是靠近花椒花芽处的叶芽生发而成，一旦出现应当及时抹除。

4. 4 月份椒园管理技术方案

（1）施膨果肥：可选用硫酸钾型复合肥 50～100 克进行施肥，一定不要使用速效肥。

（2）抹抽水苔：进入 4 月后，椒树主干上的隐芽受刺激后快速萌生出枝条来，争夺树体大量营养。因此一旦发现要及时抹除。一直到采果前停止本项工作。

（3）病虫害防治与生物制剂使用以表 4-1 为依据选用。

5. 5 月份椒园管理技术方案

（1）病虫害防治与生物制剂使用以表 4-1 为依据选用。

（2）采果前一周注意施放基肥，肥的种类、用量以表 4-1 为依据。

（3）采收鲜花椒。九叶青花椒在立地条件好的地方，一般在 5 月下旬果实开始成熟，可以食用，此时的鲜花椒是进行保鲜的最好原料。因此九叶青花椒在进入 5 月下旬一直到 6 月 20 日前可以进行采收，用于加工保鲜花椒。

（4）夏季修剪。原则上夏季修剪的时间是从 5 月 20 日至 6 月 20 日结束，修剪方法参考前面章节的修剪办法进行。可只剪去当年挂果枝，每枝挂果枝保留 7～10 厘米的浅小桩，对大的枝轴群结构枝可以进行牵拉调整空间结构。

6. 6 月份椒园管理技术方案

（1）芽接：主要是针对椒园中存在的一些低产树、返祖现象树、品种属性表现不充分的椒树进行改换嫁接。嫁接时间上中旬，嫁接方法与嫁接育苗方法一致，参见嫁接育苗章节的芽接技术要求。

（2）继续进行鲜花椒采收工作。

（3）继续进行夏季修剪工作。

（4）喷营养平衡液。6 月下旬对夏季修剪后的椒园椒树，选用大树移栽营养平衡液，根据要求浓度配制雾喷。

（5）疏枝定枝：6 月中旬以后，经夏季修剪的椒树已经开始萌生出新枝来，对萌生的新枝根据椒树情况进行选择备留来年挂果枝，原则上中等树型椒树每株保留新生枝 20～30 枝作为来年挂果枝的培养对象，将其他的萌生枝全部抹除。

（6）病虫害防治与生物制剂使用以表 4-1 为依据选用。

7. 7 月份椒园管理技术方案

（1）上半个月对进行夏季修剪发枝量不多的椒树，仍可选用大树移栽营养平衡液进行雾喷头，促进枝条生发量。

（2）抹除新生枝。对已经进行枝条选留的椒树，此后发生出来的枝条进行全部抹除，只保留选定的来年挂果枝进行培养。

（3）树盘覆盖。中旬开始使用野草或其他农作物秆茎对树盘进行覆盖，原则上覆盖厚度不得低于 5 厘米，越厚越好。

（4）涂干。选择硫黄、生石灰、水之比=5∶10∶100 配制混合液进行涂干，涂干范围包括主干、一级主枝，也可涂到部分二级主枝。可在 7 月下旬或更早做本项工作。也有的椒农选择在上一年的 11 月混入黄泥调配涂干，以起到保温、防病虫害的同效性，收到较好效果。

（5）病虫害防治与生物制剂使用以表 4-1 为依据选用。

8. 8 月份椒园管理技术方案

（1）上旬继续进行涂干工作。

（2）上旬继续进行树盘覆盖工作。

（3）继续进行抹除新生枝的工作。

（4）病虫害防治与生物制剂使用以表 4-1 为依据选用。

（5）下旬做好花序分化期肥的施肥工作。

9. 9 月份椒园管理技术方案

（1）继续进行抹除新生枝的工作。

（2）病虫害防治与生物制剂使用以表 4-1 为依据选用。

（3）全园除草。全月的中心工作是进行除草，最好选用人工除草，不选用药剂除草，将全园杂草全部铲除并堆放于椒园中留用。

10. 10 月份椒园管理技术方案

（1）摘心打顶。在 10 月下旬当气温降至 15 摄氏度以下时进行本项工作。对培养的来年挂果枝全部进行摘心短尖。相关技术要求参考前面相关技术要求实施。

（2）下旬结合摘心打顶继续进行抹除新生枝的工作。

（3）病虫害防治与生物制剂使用以表 4-1 为依据选用。

（4）短剪来年挂果枝上萌生的侧枝。在中旬以后一直到 11 月，培养的来年挂果枝上会萌生出侧枝来，在此时开始短剪，工作时最好的办法是用枝剪进行短剪，保留 2~3 个刺节，不宜用手抹除，以免损伤已经分化的花芽。

11. 11 月份椒园管理技术方案

（1）上旬继续进行剪除来年挂果枝上萌生的侧枝工作。

（2）下旬施越冬肥。使用硫酸钾型三元复合肥 45%，按每株 100~150 克在中下旬进行施用。

（3）下旬开始进行全园清园工作。清除椒园中的枯枝、死树及其他无用的杂树，结合清园工作可进行椒园深翻。

（4）病虫害防治与生物制剂使用以表 4-1 为依据选用。

12. 12 月份椒园管理技术方案

（1）保温保暖工作。可将 10 月铲除的草皮放到椒树脚下盖住树脚，以提高树脚处的温度，起到保温保暖效果。不宜堆放太高，原则上不超过 15 厘米。

（2）继续进行全园清园工作。

（3）喷生物调节剂。使用相关的生物调节剂，让其在椒树上形成一层覆盖膜，起到一定的保温保暖作用，平衡树体营养。这种办法已经运用到晚熟柑橘中。在霜冻期较长、气温比较低的地区可选用本法。

（4）病虫害防治与生物制剂使用以表 4-1 为依据选用。

第五章
绿色花椒生产

在现代工业和现代农业发展过程中，由于人类不合理的经济活动给环境、资源带来不同程度的负面效应：工业"三废"的排放和农业生产大量使用化肥、农药造成的环境和食品污染危及人类健康，在这种背景下人们提出了食品安全。

食品安全有两个方面的含义：一是指一个国家或社会的食物数量要有保障；二是指食品中有毒物质不威胁人体健康，包括食品（食物）的种植、养殖、加工、包装、贮藏、运输、销售、消费等活动符合国家强制标准和要求。

我国推广的安全农产品包括三类：无公害农产品、绿色食品和有机食品。其中绿色食品是 21 世纪食品发展的主流。

九叶青花椒作为重要的香辛料，八大调味品之一，富含人体所需的多种微量元素，并且具有较高的药用价值。据中国调味品工业协会预计，我国花椒的消费量将以每年 12% 的速度增加，花椒的加工制品的需求量将以 24% 的速度增长。目前，国内花椒产量及加工量远远不能满足消费者的需求，而近年来，东南亚、美国以及欧盟各国对花椒的消费需求也不断增加，因此，花椒产业具有广阔的发展前景和巨大的国内、国际市场潜力。在市场经济条件下，品牌是市场的通行证，品牌就是信誉和效益，"九叶青花椒"这个品牌是由数十万椒农共同艰苦努力，经历了从无到有，从小到大，时间跨度达 30 余年，历经了"摸索总结、反复筛选、提纯复壮、形成共识、规模栽培、初露端倪"的"凤凰涅槃"般曲折过程才诞生的，实属不易。随着经济的发展和社会的进步，人们更加注重生活品质，食品安全显得日益重要，市场和消费者对食品安全有了更高的要求，健康环保的绿色食品成为首选。这无疑给花椒生产源头的椒农提出了严格的要求：必须更新观念，用新技术取代传统的栽培、种植技术，全面推广高效、低毒、低残留的生物农药，严禁在栽培、种植花椒的过程中滥用无机肥和国家明令禁止使用的高毒、高残留农药，实现花椒原料的绿色环保，无公害化生产，达到国家食品安全要求，才能使"九叶青花椒"在激烈的市场竞争中立于不败之地。

本章就绿色食品的基础知识及绿色花椒生产展开叙述。

第一节 绿色食品概述

一、绿色食品的内涵

（一）绿色食品的含义

绿色食品是对"无污染"食品的一种形象描述，它是介于无公害食品和有机食品之间的一种安全食品；是遵循可持续发展原则，按照特定的生产方式生产，经专门机构认定，许可使用绿色食品标志的无污染的安全、优质、营养类食品。绿色食品不是普通意义上仅为人们提供美味和营养的食物，而是包含了生态、经济、社会、科技等协调发展的高品质、安全、营养等特定质量要求的产品。绿色象征生命和活力，而食品是维系人类生命的物质基础，自然资源和生态环境是食品生产的基本条件，由于与生命、资源、环境相关的事物通常都冠以"绿色"，为了突出这类食品出自良好的生态环境，故将其定为绿色食品。绿色食品通常分A级和AA级两个等级。

A级绿色食品是指：在生态环境质量符合规定标准的产地，生产过程中允许限量使用限定的化学合成物质，按特定的操作规程生产、加工，产品质量及包装经检测、检验符合特定标准，并经专门机构认定，许可使用A级绿色食品标志的产品。

AA级绿色食品是指：在环境质量符合规定标准的产地产出，生产过程中不使用任何有害的化学合成物质，按特定的操作规程生产、加工，产品质量及包装经检测、检验符合特定标准，并经专门机构认定，许可使用AA级绿色食品标志的产品。AA级绿色食品标准已经达到甚至超过国际有机农业运动联盟的有机食品的基本要求。

（二）绿色食品具备的条件

（1）产品或产品原料产地必须符合绿色食品生态环境质量标准。产品或产品原料产地附近没有工业企业的直接污染，水域上游、上风口没有污染源对该区域构成污染威胁。该区域内的大气、土壤、水质均符合绿色食品生态环境标准，并有一套保证措施，确保该区域在今后的生产过程中环境质量不下降。

（2）农作物种植、畜禽饲料、水产养殖及食品加工必须符合绿色食品生产操作规程。农药、肥料、兽药、食品添加剂等生产资料的使用必须符合《生产绿色食品的农药使用准则》《生产绿色食品的肥料使用准则》《生产绿色食品的添加剂使用准则》《生产绿色食品的兽药使用准则》

（3）产品必须符合绿色食品产品标准。

（4）产品外包装必须符合国家食品标签通用标准，符合绿色食品特定的包装和标签规定。

（5）产品的储藏、运输必须符合绿色食品的标准。

（6）生产资料的使用必须符合绿色食品生产资料标准。

（三）绿色食品的特点

相对于日常的其他传统食品，绿色食品具有如下突出特点：

（1）绿色食品是出自良好的生态环境。绿色食品生产从原料产地的生态环境入手，通过对原料产地及周围的生态环境因子的严格监测，判定其是否具备生产绿色食品的基础条件，而不是简单地在生产过程中禁止使用化学合成物质。这样不仅可以保证绿色食品生产原料和初级产品的质量，又能强化企业与农民的资源和环境保护意识，最终将农业和食品工业发展建立在资源和环境可持续利用的基础上。

（2）绿色食品实行"从土地到餐桌"全程质量控制。绿色食品生产不是简单地对最终产品的有害成分含量、卫生指标进行测定，而是通过产前环节的环境监测和原料检测，产中环节具体生产、加工操作规程落实，以及产后环节产品质量、卫生指标、包装、贮藏、运输、销售等环节的控制，确保绿色食品的整体产品质量，并提高整个生产过程的技术含量。

（3）绿色食品标志受法律保护。绿色食品标志是一个质量证明标志，属于知识产权范畴，受《中华人民共和国商标法》保护。

（四）认识绿色食品注意的几个问题

（1）绿色食品未必都是绿颜色的，绿颜色的食品也未必是绿色食品。绿色是指与环境保护有关的事物，而不是一种颜色的类别。

（2）无污染是一个相对的概念，食品中所含物质是否有害也是相对的，要有一个量的概念，只有某种物质达到一定量才会有害，才会对食品造成污染，只要有害物含量控制在标准规定的范围之内就有可能成为绿色食品。

（3）并不是只有偏远的、无污染的地区才能从事绿色食品生产，只要环境中的污染物不超过标准规定的范围，就能够进行绿色食品生产。

（4）封闭、落后、偏远的山区及没有人类活动污染的地区等地方生产出来的食品不一定是绿色食品，有时候这些地区的大气、土壤或河流中含有天然的有害物。

（5）野生的、天然的食品不能算作真正的绿色食品。

二、绿色食品认证

产品认证是指依据产品标准和相应技术要求，经认证机构确认并颁发认证证书和认证标志，来证明某一产品符合相应技术标准和相应技术要求的活动。绿色食品认证是一种对农产品及其加工品进行全面质量管理的活动，其核心是在生产过程中执行绿色食品标准。

绿色食品采取质量认证制度与商标使用许可制度相结合的运作方式，是一种以质量标准为基础的，技术手段和法律手段有机结合的管理行为。绿色食品申报材料的审查以绿色食品生产的通用准则为核心，对申报企业的现场调查是以检查绿色食品生产标准落实与否为核心，而产品检测是对全部标准实施结果的一个查验活动，因此，每认证一种产品都是在实践中审查绿色食品标准贯彻实施的过程。

（一）绿色食品标志

绿色食品标志是经中国绿色食品发展中心在国家工商行政管理局商标局注册的质量证明商标。用以证明食品商品具有无污染、安全、优质、营养的品质特性。它包括：绿色食品标志图形、中文"绿色食品"和英文"Green Food"。

绿色食品标志由三部分构成，即上方的太阳、下方的叶片和中心的蓓蕾。标志为正圆形，意为保护。整个图形描绘了一幅明媚阳光照耀下的和谐生机，告诉人们绿色食品正是出自纯净、良好生态环境的安全无污染食品，能给人们带来蓬勃的生命力。绿色食品标志还提醒人们要保护环境，通过改善人与环境的关系，创造自然界新的和谐。

绿色食品标志认证一次有效许可使用期限为三年，三年期满后可申请续用，通过认证审核后方可继续使用绿色食品标志。

（二）绿色食品标志的申请

1. 绿色食品标志的申请程序

（1）申请人向所在省绿色食品委托管理机构提交正式的书面申请，并填写"绿色食品标志使用申请书"（一式两份）、"企业生产情况调查表"。

（2）各省绿色食品委托管理机构将依据企业的申请，委派至少两名绿色食品标志专职管理人员赴申请企业进行实地考察。如考察合格，省绿色食品委托管理机构将委托定点的环境监测机构对申报产品或产品原料产地的大气、土壤和水进行环境监测和评价。

（3）省绿色食品委托管理机构的标志专职管理人员将结合考察情况及环境监测和评价的结果对申请材料进行初审，并将初审合格的材料上报中国绿色食品发展中心。

（4）中国绿色食品发展中心对上述申报材料进行审核，并将审核结果通知申报企业和省绿色食品委托管理机构。合格者，由省绿色食品委托管理机构对申报产品进行抽样，并由定点的食品监测机构依据绿色食品标准进行检测；不合格者，当年不再受理其申请。

（5）中国绿色食品发展中心对检测合格的产品进行终审。

（6）终审合格的申请企业与中国绿色食品发展中心签订绿色食品标志使用合同。不合格者，当年不再受理其申请。

（7）中国绿色食品发展中心对上述合格的产品进行编号，并颁发绿色食品标志使用证书。

（8）申报企业对环境监测结果或产品检测结果有异议，可向中国绿色食品发展中心提出仲裁检测申请。中国绿色食品发展中心委托两家或两家以上的定点监测机构对其重新检测，并依据有关规定做出裁决。

2. 申请使用绿色食品标志所需上报的材料

（1）企业的申请报告；

（2）绿色食品标志使用申请书（一式两份）；

（3）企业生产情况调查表；

（4）农业环境质量监测报告及农业环境质量现状评价报告；

（5）省委托管理机构考察报告及企业情况调查表；

（6）产品的执行标准；

（7）产品及产品原料种植（养殖）规程、加工规程；

（8）企业营业执照复印件、商标注册证复印件；

（9）企业质量管理手册；

（10）加工产品的现用包装式样及产品标签；

（11）原料购销合同（原件、附购销发票复印件）。

3. 申报绿色食品标志要求

《绿色食品标志管理办法》第五条中规定："凡具有绿色食品生产条件的单位和个人均可作为绿色食品标志使用权的申请人。"随着绿色食品事业的发展，申请人的范围有所扩展，为了进一步规范管理，对标志申请人条件做如下规定：

（1）申请人必须要能控制产品生产过程，落实绿色食品生产操作规程，确保产品质量符合绿色食品标准。

（2）申报企业要具有一定规模，能承担绿色食品标志使用费。

（3）乡、镇以下从事生产管理、服务的企业作为申请人，必须要有生产基地，并直接组织生产；乡、镇以上的经营、服务企业必须要有隶属于本企业、稳定的生产基地。

（4）申报加工产品企业的生产经营须一年以上。

（5）下列情况之一者，不能作为申请人：

① 与中国绿色食品发展中心及各级绿色食品委托管理机构有经济和其他利益关系的；

② 能够引致消费者对产品（原料）的来源产生误解或不信任的企业，如批发市场、粮库等；

③ 纯属商业经营的企业；

④ 政府和行政机构。

4. 可以申报绿色食品标志的产品

绿色食品标志是经中国绿色食品发展中心注册的质量证明商标，按国家商标类别划分的第 29、30、31、32、33 类中的大多数产品均可申报绿色食品标志，如第 29 类的肉、家禽、水产品、奶及奶制品、食用油脂等，第 30 类的食盐、酱油、醋、米、面粉及其他谷物类制品、豆制品、调味用香料等，第 31 类的新鲜蔬菜、水果、干果、种子、活生物等，第 32 类的啤酒、矿泉水、水果饮料及果汁、固体饮料等，第 33 类的含酒精饮料。最近开发的一些新产品，只要经卫健委以"食"字或"健"字登记的，均可申报绿色食品标志。经卫健委公告的既是食品又是药品的品种，如紫苏、菊花、白果、陈皮、红花等，也可申报绿色食品标志。药品、香烟不可申报绿色食品标志。按照绿色食品标准，暂不受理蕨菜、方便面、火腿肠、叶菜类酱菜的申报。

三、绿色食品标准体系的构成

绿色食品标准体系以全程质量控制为核心，由以下 6 个部分构成：

1. 绿色食品产地环境质量标准

制订这项标准的目的，一是强调绿色食品必须产自良好的生态环境地域，以保证绿色食品最终产品的无污染、安全性；二是促进对绿色食品产地环境的保护和改善。

绿色食品产地环境质量标准规定了产地的空气质量标准、农田灌溉水质标准、渔业水质标准、畜禽养殖用水标准和土壤环境质量标准的各项指标以及浓度限值、监测和评价方法。提出了绿色食品产地土壤肥力分级和土壤质量综合评价方法。对于一个给定的污染物，在全国范围内其标准是统一的，必要时可增设项目，适用于绿色食品（AA级和A级）生产的农田、菜地、果园、牧场、养殖场和加工厂。

2. 绿色食品生产技术标准

绿色食品生产过程的控制是绿色食品质量控制的关键环节。绿色食品生产技术标准是绿色食品标准体系的核心，它包括绿色食品生产资料使用准则和绿色食品生产技术操作规程两部分。

绿色食品生产资料使用准则是对生产绿色食品过程中物质投入的一个原则性规定，它包括生产绿色食品的农药、肥料、食品添加剂、饲料添加剂、兽药和水产养殖药的使用准则，对允许、限制和禁止使用的生产资料及其使用方法、使用剂量、使用次数和休药期等做出了明确规定。

绿色食品生产技术操作规程是以上述准则为依据，按作物种类、畜牧种类和不同农业区域的生产特性分别制订的，用于指导绿色食品生产活动，规范绿色食品生产技术的技术规定，包括农产品种植、畜禽饲养、水产养殖和食品加工等技术操作规程。

3. 绿色食品产品标准

该标准是衡量绿色食品最终产品质量的指标尺度。它虽然跟普通食品的国家标准一样，规定了食品的外观品质、营养品质和卫生品质等内容，但其卫生品质要求高于国家现行标准，主要表现在对农药残留和重金属的检测项目种类多、指标严。而且，使用的主要原料必须是来自绿色食品产地的、按绿色食品生产技术操作规程生产出来的产品。绿色食品产品标准反映了绿色食品生产、管理和质量控制的先进水平，突出了绿色食品产品无污染、安全的卫生品质。

4. 绿色食品包装标签标准

该标准规定了进行绿色食品产品包装时应遵循的原则，包装材料选用的范围、种类，包装上的标识内容等。要求产品包装从原料、产品制造、使用、回收和废弃的整个过程都应有利于食品安全和环境保护，包括包装材料的安全、牢固性，节省资源、能源，减少或避免废弃物产生，易回收循环利用，可降解等具体要求和内容。

绿色食品产品标签，除要求符合国家《食品标签通用标准》外，还要求符合《中国绿色食品商标标志设计使用规范手册》的规定，该手册对绿色食品的标准图形、标准字形、图形和字体的规范组合、标准色、广告用语以及在产品包装标签上的规范应用均做了具体规定。

5. 绿色食品贮藏、运输标准

该项标准对绿色食品贮运的条件、方法、时间做出规定，以保证绿色食品在贮运过程中不遭受污染、不改变品质，并有利于环保、节能。

6. 绿色食品其他相关标准

包括"绿色食品生产资料"认定标准、"绿色食品生产基地"认定标准等，这些标准都是促进绿色食品质量控制管理的辅助标准。

以上 6 项标准对绿色食品产前、产中和产后全过程质量控制技术和指标做了全面的规定，构成了一个科学、完整的标准体系。

第二节　绿色花椒生产

一、绿色花椒的含义

绿色花椒是指在生态环境质量符合规定标准的产地，生产过程中允许限量使用限定（或不准使用任何有毒）的化学合成物质，按特定的操作规程生产、加工、产品质量及包装经检测、检验符合特定标准，并经专门机构认定，许可使用 A 级（或 AA 级）绿色食品标志的产品。前者为 A 级绿色花椒，后者为 AA 级绿色花椒。

二、绿色花椒生产遵守的绿色食品体系标准

（一）绿色食品产地环境质量标准

绿色食品标准规定：产品或产品原料产地必须符合绿色食品产地环境质量标准。绿色食品产地的生态环境主要包括大气、水、土壤等因子。绿色食品产地应选择空气清新、水质纯净、土壤未受污染，具有良好农业生态环境的地区，应尽量避开繁华都市、工业区和交通要道，多选择在边远省区、农村等。其各项标准如下：

1. 空气环境质量要求（表 5-1）

表 5-1　绿色花椒生产空气环境质量要求

项目	1 立方米大气中的含量	
	任何一日	任何一小时
总悬浮粒	小于或等于 0.30 毫克	
二氧化硫	小于或等于 0.15 毫克	小于或等于 0.50 毫克
氮氧化物	小于或等于 0.10 毫克	小于或等于 0.15 毫克
氟化物	小于或等于 7 微克	小于或等于 20 微克

对大气的要求：要求产地周围不得有大气污染源，特别是上风口没有污染源；不得有有害气体排放，生产生活用的燃煤锅炉需要除尘除硫装置。大气质量要求稳定，符合绿色食品大气环境质量标准。大气质量评价采用国家大气环境质量标准 GB 3095—1996 所列的一级标准。主要评价因子包括总悬浮微粒（TSP）、二氧化硫（SO_2）、氮氧化物（NO_x）、氟化物。

2. 灌溉水质要求（各项污染物浓度限值）（表5-2）

表5-2 绿色花椒生产灌溉水质要求

项目	浓度限值
pH	5.5～8.5
总汞	0.001 毫克/升
总镉	0.005 毫克/升
总砷	0.05 毫克/升
总铅	0.1 毫克/升
六价铬	0.1 毫克/升
氟化物	2.0 毫克/升
粪大肠杆菌群	10 000 个/升

3. 对水环境要求

要求生产用水质量要有保证；产地应选择在地表水、地下水水质清洁无污染的地区；水域、水域上游没有对该产地构成威胁的污染源；生产用水质量符合绿色食品水质环境质量标准。其中农田灌溉用水评价采用《农田灌溉水质标准》（GB 5084—2021），主要评价因子包括常规化学性质（pH 值、溶解氧）、重金属及类重金属（Hg、Cd、Pb、As、Cr、F、CN）、有机污染物（BOD_5、有机氯等）和细菌学指标（大肠杆菌、细菌）。

4. 土壤环境质量要求（土壤中各项污染物浓度限值）（表5-3）

表5-3 绿色花椒生产土壤环境质量要求　　　　　　单位：毫克/千克

耕作条件	旱地			水田		
pH 值	<6.5	6.5～7.5	>7.5	<6.5	6.5～7.5	>7.5
镉	0.30	0.30	0.40	0.30	0.30	0.40
汞	0.25	0.30	0.35	0.30	0.40	0.40
砷	25	20	20	20	20	15
铅	50	50	50	50	50	50
铬	120	120	120	120	120	120
铜	50	60	60	50	60	60

5. 土壤肥力要求（土壤肥力分级参考指标）（表 5-4）

表 5-4　绿色花椒生产土壤肥力要求

项目	级别	旱田	菜地	园地
有机质/克·千克$^{-1}$	I	>15	>30	>20
	II	10～15	20～30	15～20
	III	<10	<20	<15
全氮/克·千克$^{-1}$	I	>1.0	>1.2	>1.0
	II	0.8～1.0	1.0～1.2	0.8～1.0
	III	<0.8	<1.0	<0.8
有机磷/毫克·千克$^{-1}$	I	>10	>40	>10
	II	5～10	20～40	5～10
	III	<5	<20	<5
有效钾/毫克·千克$^{-1}$	I	>120	>150	>100
	II	80～120	100～150	50～100
	III	<80	<100	<50
阳离子交换量/厘摩尔·千克$^{-1}$	I	>20	>20	>20
	II	15～20	15～20	15～20
	III	<15	<15	<15
质地	I	轻、中壤	轻壤	轻壤
	II	沙、重壤	沙、中壤	沙、中壤
	III	沙、黏土	沙、黏土	沙、黏土
备注	I 级为优良、II 级为尚可、III 级为较差			

对土壤的要求：要求产地土壤元素位于背景值正常区域，周围没有金属或非金属矿山，并且没有农药残留污染，评价采用《土壤环境质量　农用地土壤污染风险管控标准》（GB 15618—2018），同时要求有较高的土壤肥力。土壤质量符合绿色食品土壤质量标准。土壤评价采用该土壤类型背景值的算术平均值加 2 倍的标准差。主要评价因子包括重金属及类重金属（Hg、Cd、Pb、Cr、As）和有机污染物（六六六、DDT）。

（二）农药使用准则

绿色食品农药种类有生物源农药、矿物农药、有机合成农药。其中生物源农药是指直接利用生物活体或生物代谢过程中产生的具有生物活性的物质或从生物体提取的物质作为防治病虫草害的农药；矿物源农药是指有效成分起源于矿物的无机化合物和石油类农药；有机合成农药是指由人工研制合成，并由有机化学工业生产的商品化的一类农药，包括中等毒和低毒类杀虫、杀螨剂、杀菌剂、除草剂，可在 A 级绿色食品生产上限量使用。

1. 生物源农药

（1）微生物源农药；① 农用抗生素，用于防治真菌病害的药物有：灭瘟素、春苗霉素、多抗霉素、井冈霉素、农抗 120 等；用于防治螨类的药物有：浏阳霉素、华光霉素等。② 活体微生物农药，包括真菌剂、细菌剂、病毒等。

（2）动物源农药：包括① 昆虫信息素（或昆虫外激素），如性信息素；② 活体制剂，如寄生性、捕食性的天敌动物。

（3）植物源农药：① 杀虫剂，如除虫菊素、鱼藤酮、烟碱、植物油乳剂等。② 杀菌剂大蒜素。③ 拒避剂，如印楝素、苦楝、川楝素。④ 增效剂，如芝麻素。

2. 矿物源农药

（1）无机杀螨杀菌剂：硫制剂有硫悬浮剂、可湿性硫、石硫合剂等；铜制剂有硫酸铜、氢氧化铜、波尔多液等。

（2）矿物油乳剂。

3. 有机合成农药

绿色食品生产应从作物-病虫草等整个生态系统出发，综合运用各种防治措施，创造不利于病虫草害滋生和有利于各类天敌繁衍的环境条件,保持农业生态系统的平衡和生物多样化，减少各类病虫草害所造成的损失。

在防治过程中应优先采用农业措施，通过选用抗病、抗虫品种，非化学药剂种子处理，培育壮苗，加强栽培管理，中耕除草，秋季深翻晒土，清洁田园，轮作倒茬、间作套种等一系列措施，起到防治病虫草害的作用。还应尽量利用灯光、色彩诱杀害虫，机械捕捉害虫，机械和人工除草等措施，防治病虫草害。特殊情况下，必须使用农药时，应遵守生产 A 级和 AA 级绿色食品的农药使用准则。

4. 生产 AA 级绿色食品的农药使用准则

（1）允许使用 AA 级绿色食品生产农药类产品。

（2）在 AA 级绿色食品生产资料农药类不能满足植保工作需要的情况下，允许使用以下农药及方法：① 中等毒性以下植物源杀虫剂、杀菌剂、拒避剂和增效剂，如除虫菊素、鱼藤根、烟草水、大蒜素、苦楝、川楝、印楝、芝麻素等。② 释放寄生性捕食性天敌动物，昆虫、捕食螨、蜘蛛及昆虫病原线虫等。③ 在害虫捕捉器中使用昆虫信息素及植物源引诱剂。④ 使用矿物油和植物油制剂。⑤ 使用矿物源农药中的硫制剂、铜制剂。⑥ 经专门机构核准，允许有限度地使用活体微生物农药，如真菌制剂、细菌制剂、病毒制剂、放线菌、拮抗菌剂、昆虫病原线虫等。⑦ 经专门机构批准，允许有限度地使用农用抗生素，如春苗霉素、多抗霉素、井冈霉素、农抗 120、中生菌、浏阳霉素等。

（3）禁止使用有机合成的化学杀虫剂、杀螨剂、杀菌剂、杀线虫剂、除草剂和植物生长调节剂。

（4）禁止使用生物源、矿物源农药中混配有机合成农药的各种制剂。

（5）严禁使用基因工程品种（产品）及制剂。

5. 生产 A 级绿色食品的农药使用准则

（1）允许使用 AA 级和 A 级绿色食品生产资料农药类产品。

（2）在 AA 级和 A 级绿色食品生产资料农药类产品不能满足植保工作需要的情况下，允许使用以下农药及方法：① 中等毒性以下植物源农药、动物源农药和微生物源农药。② 在矿物源农药中允许使用硫制剂、铜制剂。③ 有限度地使用有机合成农药。

此外，还需严格执行以下规定：① 严禁使用阿维菌素、克螨特（限于蔬菜、果树）和表5-5 中所列出的农药。② 每种有机合成农药（含 A 级绿色食品生产资料农药类的有机合成产品）在一种作物的生产期内只允许使用一次。③ 严格按照药品要求，控制施药量与安全间隔期。④ 严禁使用高毒高残留农药防治贮藏期病虫害。⑤ 严禁使用基因工种品种（产品）及制剂。

表 5-5　绿色食品禁用农药名单

种类	农药名称	禁用作物	禁用原因
有机氯杀虫剂	滴滴涕、六六六、林丹、甲氧滴滴涕、硫丹	所有作物	高残毒
有机氯杀螨剂	三氯杀螨醇	蔬菜、果树、茶叶	工业品含滴滴涕
氨基甲酸酯杀虫剂	涕灭威、克百威、灭多成、丁硫克百威、丙硫克百威	所有作物	剧毒或代谢物高毒
二甲基甲脒类杀虫螨剂	杀虫脒	所有作物	慢性毒性、致癌
拟除虫菊酯类杀虫剂	所有拟除虫菊酯类杀虫剂	水稻及其他水生作物	对水生生物毒性大
卤代烷类熏蒸杀虫剂	二溴乙烷、环氧乙烷、二溴氯丙烷、溴甲烷	所有作物	致癌、致畸、高毒
有机砷杀菌剂	甲基胂酸锌（稻脚青）、甲基胂酸钙（稻宁）、甲基胂酸胺（田安）、福美甲胂、福美胂	所有作物	高残毒
有机锡杀菌剂	乙酰氧基三苯基锡（薯瘟锡）、三苯基氯化锡、三苯基氢氧化锡（毒菌锡）	所有作物	高残留、慢性毒性
有机汞杀菌剂	氯化乙基汞（西力生）、醋酸苯汞（赛力散）	所有作物	剧毒、高残毒
有机磷杀菌剂	稻瘟净、异稻瘟净	水稻	异臭

续表

种类	农药名称	禁用作物	禁用原因
取代苯类杀菌剂	五氯硝基苯、稻瘟醇（五氯苯甲醇）	所有作物	致癌、高残留
2,4-D 类化合物	除草剂或植物生长调节剂	所有作物	杂质致癌
二苯醚类除草剂	除草醚、草枯醚	所有作物	
植物生长调节剂	有机合成的植物生长调节剂	所有作物	
除草剂	各类除草剂	蔬菜生长期	
有机磷杀虫剂	甲拌磷、乙拌磷、久效磷、对硫磷、甲基对硫磷、甲胺磷、甲基异硫磷、治螟磷、氧化乐果、灭克磷（益收宝）、水胺硫磷、氯唑磷、硫线磷、杀扑磷、特丁硫磷、克线丹、苯线磷、甲基硫环磷	所有作物	剧毒、高毒

（三）肥料使用标准

绿色食品生产可以使用以下肥料。

1. 农家肥料

（1）堆肥。以各类秸秆、落叶、湖草等主要原料并与人畜粪便和少量泥土混合堆制，经好气微生物分解而成的有机肥料。

（2）沤肥。与堆肥所用物料基本相同，只是在淹水条件下，经嫌气微生物发酵而成的有机肥料。

（3）厩肥。以猪、牛、马、羊、鸡、鸭等畜禽粪尿为主，与秸秆等垫料堆积，并经微生物作用而成的有机肥料。

（4）沼气肥。在密闭的沼气池中，有机物在嫌气条件下经微生物发酵制取沼气后的副产物。

（5）绿肥。将豆科绿肥或非豆科绿肥就地翻压、异地施用，或经沤、堆后制成的肥料。

（6）作物秸秆肥。农作物秸秆直接还田的肥。

（7）泥肥。指未经污染的肥料。

（8）饼肥。菜籽、棉籽、大豆、芝麻、花生、蓖麻等含油较多的种子，经压榨去油后的残渣制成的肥料。

2. 商品肥料

（1）商品有机肥。以大量植物残体、排泄物及其他生物废物为原料，加工制成的商品肥料。

（2）腐殖酸类肥料。以含有腐殖酸类的泥炭、褐煤、风经煤等，经过加工制成含有植物营养成分的肥料。

（3）微生物肥料。以特定微生物菌种培养生产的含活的微生物制剂，包括根瘤菌肥料、复合微生物肥料。

（4）有机复合肥。指经无害化处理的畜禽粪便及其他生物废物，加入适当的微量元素制成的肥料。

（5）无机（矿质）肥料。矿物经物理或化学工业方式制成，养分呈无机盐形式的肥料。包括矿物钾肥、硫钾、矿物磷肥（磷矿粉）、煅烧磷酸盐（如钙镁磷肥）等。

（6）叶面肥料。喷施于植物叶并能被植物利用的肥料，但不得含有化学合成的生长调节剂。

（7）有机、无机肥。把有机肥料与无机肥料经过机械混合或化学反应而成的肥料。

（8）掺合肥。在有机肥、微生物肥、无机肥、腐殖酸肥中按一定比例掺入化肥（硝酸氮肥除外），并经过机械混合而成的肥料。

3. 其他肥料

其他肥料指不含有毒物质的食品、纺织工业的有机副产品，以及骨粉、氨基酸残渣、骨胶废渣、家畜家禽加工废料、糖厂废料等有机物料制成的肥料。

4. AA 级、A 级绿色食品肥料使用区别

（1）A 级绿色食品肥料应用种类：适用 AA 级绿色食品生产的农家肥、商品肥及其他肥料，均适用于 A 级绿色食品生产，在上述肥料能满足 A 级绿色食品需要的情况下允许使用掺合肥料（有机氮与无机氮之比不超过 1∶1）。

（2）AA 级绿色食品肥料适用种类，包括堆肥、沤肥、沼气肥、绿肥、作物秸秆肥、泥肥、饼肥等农家肥料，以及专门机构认定，符合绿色食品要求，并正式推荐用于 AA 级绿色食品生产的生产资料。允许使用绿色食品商品肥料：商品有机肥，腐殖酸类肥料，微生物肥料，有机复合肥，无机矿物质肥料，叶面肥料，有机、无机肥料。

5. 绿色肥料使用规则

肥料使用必须满足作物对营养元素的需要，使足够数量的有机物质返回土壤，以保持或增加土壤肥力及土壤生物活性。所有有机或无机（矿质）肥料，尤其是富含氮的肥料应对环境和作物（营养、味道、品质和植物抗性）不产生不良后果方可使用。

（1）A 级绿色食品肥料使用原则

① 按规定标准选用绿色食品肥料，禁止使用硝态氮肥。

② 化肥必须与有机肥配合施用，有机氮与无机氮之比不超过 1∶1。

③ 化肥可与有机肥、复合肥、生物肥配合使用。

④ 城市生活垃圾一定要经过无害化处理，达到质量标准后方可使用。

⑤ 搞好各种形式秸秆还田，允许使用少量氮素调节碳氮化。

⑥ 要依据测土配方施肥原则，合理确定各作物施肥总量，选择适宜的氮磷钾及微量元素施用比例。

（2）AA 级绿色食品肥料使用原则

① 按规定要求用肥，禁止使用任何化学合成肥料。

② 禁止使用城市生活垃圾、污泥、医院粪便垃圾和含有害物质的垃圾。

③ 因地制宜采用秸秆过腹还田、直接翻压还田、覆盖还田等农作物秸秆还田方式。

④ 利用覆盖、翻压、堆沤等方式合理利用绿肥，绿肥应在盛花期翻压，翻埋深度为15厘米左右，盖土要严，翻压耙匀。压青后15~20天才能进行播种或移苗。

⑤ 腐熟的沼气液、残渣及人畜尿可用作追肥，严禁施用未腐熟的人畜尿。

⑥ 饼肥优先用于水果、蔬菜等生产，禁止施用未腐熟的饼肥。

⑦ 腐殖酸叶面肥料质量应符合以下技术要求：腐殖酸≥8.0%；微量元素（铁、锰、铜、锌、钼、硼）≥6.0%；杂质：镉≤0.01%，砷≤0.002%，铅≤0.002%。在作物生长期内，喷施2次或3次。

⑧ 微生物肥料可用作基肥和追肥。

⑨ 选用无机（矿质）肥料中的煅烧磷酸盐，其营养成分五氧化二磷（P_2O_5）≥12%，并且当肥料中每含1%五氧化二磷时，镉≤0.01%，砷≤0.004%，铅≤0.002%。选用无机肥料硫酸钾时，其氧化钾含量应达到50%，并且当肥料中每含1%氧化钾时，氯≤3%，砷≤0.004%，硫酸≤0.5%。

6. 其他规定

（1）生产绿色食品的农家肥料无论采用何种原料（包括人畜禽粪尿、秸秆、杂草、泥炭等）制作堆肥，必须高温发酵，最高堆温要达到50~55摄氏度，持续5~7天，以杀灭各种寄生虫卵和病原菌、杂草种子，使之达到无害化卫生标准；沼气肥应符合表5-6卫生标准。农家肥料原则上就地生产、就地使用。外来农家肥料应确认符合要求后才能使用。商品肥料及新型肥料必须通过国家有关部门的登记认证及生产许可，质量指标应达到国家有关标准的要求。

（2）因放肥造成土壤污染、水源污染，或影响农作物生产、农产品达不到卫生标准时，要停止施用该肥料，并向专门管理机构报告。用其生产的食品也不能继续使用绿色食品标志。

表5-6　沼气肥卫生标准

编号	项目	卫生标准及要求
1	密封贮存期	30天以上
2	高温沼气发酵温度	（53±2）摄氏度，持续2天
3	寄生虫卵沉降率	95%以上
4	血吸虫卵和钩虫卵	在使用粪液中不得检出活的血吸虫卵和钩虫卵
5	蚊子、苍蝇	有效地控制蚊蝇滋生，粪液中无蚊虫卵，池的周围无活的蛆或新羽化的成蝇

（四）绿色食品产品标准

绿色食品标准是衡量最终产品质量的尺度，是树立绿色食品形象的主要标志，也反映出绿色食品生产、管理及质量控制水平。

绿色食品产品标准制订的依据是在国家标准的基础上,参照国外先进标准或国际标准。在检测项目和指标上,严于国家标准。对严于国家执行标准的项目及其指标都有文献性的科学依据或理论指导,有些还进行了科学试验。

1. 原料要求

绿色食品的主要原料来自绿色食品产地,即经过绿色食品环境监测证明符合绿色食品环境标准,按照绿色食品生产操作规程生产出来的产品。对于某些进口原料,如果蔬脆片所用的棕榈油、生产冰激凌所用的黄油和奶粉,无法进行原料产地环境检测的,经中国绿色食品发展中心指定的食品监测中心按照绿色食品标准进行检验,符合标准产品才能作为绿色食品加工原料。

2. 感官要求

绿色食品的感官要求包括外形、色泽、气味、口感、质地等。感官要求是食品给予用户或消费者的第一感觉,是绿色食品优质性的最直观体现。

3. 理化要求

这是绿色食品的内涵要求,它包括应有的成分指标,如蛋白质、脂肪、糖类、维生素等,这些指标不能低于国际标准;同时它还包括不应有的成分指标,如汞、铬、砷、铅、镉等重金属和六六六、滴滴涕等国家禁用的农药残留,要求与国外先进标准或国际标准接轨。

4. 微生物学要求

必须保持产品的微生物学特征,如活性酵母、乳酸菌等,这是产品质量的基础。而微生物污染指标必须加以相当或严于国际的限定,如菌落总数、大肠菌群、致病菌(金黄色葡萄球菌、乙型溶血性链球菌、志贺氏菌及沙门氏菌)、粪便大肠杆菌、霉菌等。

绿色食品产品标准是衡量绿色食品最终产品质量的指标尺度。它虽然跟普通食品的国家标准一样,规定了食品的外观品质、营养品质和卫生品质等内容,但其卫生品质要求高于国家现行标准,主要表现在对农药残留和重金属的检测项目种类多、指标严。而且,使用的主要原料必须是来自绿色食品产地的、按绿色食品生产技术操作规程生产出来的产品。绿色食品产品标准反映了绿色食品生产、管理和质量控制的先进水平,突出了绿色食品产品无污染、安全的卫生品质。

(五)绿色食品包装、贮运标准

1. 绿色食品的包装标准

(1)食品包装及基本要求。食品包装是指为了在食品流通过程中保护产品、方便储运、促进销售,按一定技术而采用的容器、材料及辅助物的总称,也指为了在达到上述目的而采用容器、材料和辅助物的过程中施加一定的技术方法等的操作活动。

包装的基本要求是:

① 较长的保质期(货架寿命);

② 不带来二次污染；

③ 少损失原有营养及风味；

④ 包装成本要低；

⑤ 储藏运输方便、安全；

⑥ 增加美感，引起食欲。

（2）绿色食品的包装标准。该项标准正在制订。我国的包装工业起步较晚，在发展与环保问题上，现有传统的某些包装不利于环保。包装产品从原料、产品制造、使用、回收和废弃的整个过程都应有利于食品安全和环境保护，包括包装材料的安全、牢固性，节省资源、能源，减少、避免废弃物产生，易于回收再循环利用，可降解等具体要求和内容。也就是世界工业发达国家要求包装做到"3R"（Reduce 减量化、Reuse 重复使用、Recycle 循环利用）原则。

2. 绿色食品标签标准

绿色食品产品标签，除要求符合国家《食品标签通用标准》外，还要求符合《中国绿色食品商标标志设计使用规范手册》规定，该手册对绿色食品的标准图形、标准字形、图形和字体的规范组合、标准色、广告用语以及在产品包装标签上的规范应用均做了具体规定。绿色食品包装标签标准正在制订，在制订以前，标准中规定食品标签上必须标注以下内容：

（1）食品名称；

（2）配料表；

（3）净含量及固形物含量；

（4）制造者、经销者的名称和地址；

（5）日期标志（生产日期、保质期或/和保存期）和贮藏指南；

（6）质量（品质）等级；

（7）产品标准号；

（8）特殊标注内容。

3. 绿色食品防伪标准

（1）绿色食品防伪标签对绿色食品具有保护和监控作用。防伪标签具有技术上的先进性、使用上的专用性、价格上的合理性，标签类型多样，可以满足不同产品的包装标准规定。

（2）绿色食品标志防伪标签只能使用在同一编号的绿色食品产品上。非绿色食品或绿色食品防伪标签编号不一致的产品不能使用该标签。

（3）绿色食品标志防伪标签应贴于食品标签或其包装正面的显著位置，不得掩盖原有绿标、编号等绿色食品的整体形象。

（4）企业同一种产品贴用防伪标签的位置及外包装箱封箱用的大型标签的位置应固定，不得随意变化。

4. 绿色食品贮藏标准

绿色食品贮藏必须遵循以下原则：

（1）贮藏环境必须洁净卫生，不能对绿色食品产品造成污染。

（2）选择的贮藏方法不能使绿色食品品质发生变化、造成污染。如化学贮藏方法中选用化学制剂需符合《绿色食品添加剂使用准则》。

（3）在贮藏中，绿色食品不能与非绿色食品混堆贮存。

（4）A级绿色食品与AA级绿色食品必须分开贮藏。

绿色食品贮藏、运输标准对绿色食品贮运的条件、方法、时间做出规定，以保证绿色食品在贮运过程中不遭受污染、不改变品质，并有利于环保、节能。

三、绿色花椒生产技术操作规程

绿色花椒生产技术操作规程是以绿色食品生产资料使用准则为依据，按照花椒和生产区域的生产特性制订的，用于指导绿色花椒生产活动、规范绿色食品生产技术的技术规定。我国还没有形成专门的绿色花椒的生产技术操作规程，各花椒生产省市按《林果业绿色食品生产技术规程》进行变通实施。

（一）生产基地选择

生产基地要远离城市和交通要道，周围无工业或矿山的直接污染源"三废"的排放和间接污染源，基地要距离主要交通公路50～100米以外。基地地域内的大气、土壤、灌溉水经检测应符合国家标准。椒园栽培管理要有较好的基础，土壤质地适合花椒树生长，有灌溉条件，有机肥料来源充足，品质优良，树势健壮，栽培管理比较先进。选择土层厚、土质肥沃、排灌良好的沙质微碱性土壤，周围空气清新、远离污染源、水质纯洁的地块建园。

（二）土肥管理

1. 加强土壤改良

深翻改土，活土层要求达到80厘米左右，通气情况良好，土壤孔隙度的含氧量在5%以上，根系主要分布层的土壤有机质含量达1%以上。生长季节降雨或灌水后要及时进行中耕松土，调温保墒，消灭杂草。

2. 合理施用肥料

果实采收后应及时施足基肥，以利于断根愈合，提早恢复生长。基肥以高温发酵或沤制过的有机肥为主，并配少量氮素化肥，有机肥主要用厩肥（鸡粪、猪粪等）、堆肥、沤肥和人粪尿等，施肥量按每生产1 000公斤鲜花椒施4000～5000公斤有机肥，加磷酸氢二铵40公斤、草木灰200公斤，高产稳产椒园施有机肥的用量可加到7500公斤以上。肥源缺乏的椒园也应达到每1公斤鲜花椒施1公斤肥的标准。追肥应以速效肥为主，生产绿色果品最好应用测土施肥技术，要根据检测结果、树势强弱、产量高低等综合指标，确定施肥种类、数量和次数，以达到平衡施肥的目的。

3. 允许使用的肥料

允许使用的肥料种类有：有机肥、腐殖酸类肥料、微生物肥料、无机肥料、叶面肥等符合绿色食品生产使用要求的肥料。限制用化学肥料，因为氮肥施用过多会使果实中的亚硝酸盐积累并转化为强致癌物质亚硝酸铵，同时还会使果肉松散，易患苦痘病、水心病，果实中含氮过多还会促进果实腐烂。生产绿色花椒不是绝对不用化学肥料，而是要限量使用，原则上化学肥料要与有机肥料、微生物肥料配合使用，可用作基肥或追肥，用化肥追肥应在采果前 30 天停用。另外，要慎用城市生活垃圾肥料，商品肥料和新型肥料必须是经国家有关部门批准登记的品种才能使用。

（三）整形修剪

修剪应达到以下指标：

1. 覆盖率

覆盖率指树冠投影面积与植株占地面积之比。75%左右，树冠下的投影面积占 15%左右。

2. 枝 量

枝量指每亩椒园 1 年生短、中、长枝和营养枝的总和。适宜枝量为 10 万～12 万条，冬剪后为 7 万～9 万条；比例：中、短枝占 90%。

3. 花芽留量

花芽留量指 1 株树花芽留量的多少。要求花芽率占总枝量的 30%左右，冬剪后花芽、叶芽比以 1：3～1：4 为宜，每亩花芽留量 1.2 万～1.5 万个，数量过多时可通过花前复剪和疏果来调整。

4. 树冠体积

一般稀植大冠椒园每亩树冠体积控制在 1 200～1 500 立方米，密植果园以 1 000 立方米为宜。

5. 新梢生长量

新梢生长量指树冠外围的年生长量。成龄树要求达到 35 厘米左右，初结果期树以 50 厘米左右为宜。

（四）花果管理

花期前后喷 0.3%～0.4%的尿素溶液，花蕾期或花期喷 0.1%～0.2%硼砂溶液，提高坐果率。

（五）病虫害防治

1. 农业防治

采取剪除病虫枝，冬季落叶后清洁椒园，清除枯枝、病枝及残果，主干刷白，清除树干翘裂皮，翻树盘，地面秸秆覆盖，科学施肥等措施防治病虫害发生。

2. 物理防治

根据害虫生物学特性，采取糖醋液、树干缠草绳或草把、黑光灯诱杀等方法防治害虫。

3. 生物防治

人工释放赤眼蜂，助迁和保护瓢虫、草蛉、捕食螨等天敌，土壤施用白僵菌防治，利用昆虫性外激素诱杀或干扰害虫交配。

4. 化学防治

根据生产绿色花椒的要求，选用高效、低毒、低残留农药或生物农药进行病虫防治，禁止使用高、剧毒农药，应科学合理使用农药。要控制使用广谱性及渗透性农药，以防过多地伤害天敌。

四、绿色花椒产品标准

根据中华人民共和国商业部 1992 年 8 月 14 日发布，1992 年 12 月 1 日起施行的《中华人民共和国行业标准》规定及实践，花椒在各项检验标准中，必须达到一等品，符合一等品以上的可视为绿色花椒产品。

1. 感官指标（表 5-7）

表 5-7　绿色花椒感官指标

等级	项目	
	性　状	限　度
优等品	成熟果实制品，具有本品种应有的特征及色泽、颗粒均匀、身干、洁净、无杂质、香气浓郁、味麻持久	无霉粒、无油椒，闭眼、椒籽两项不超过 3%，果穗梗小于或等于 1.5%
一等品	成熟果实制品，具有本品种应有的特征及色泽、颗粒均匀、身干、洁净、无杂质、香气浓郁、味麻持久	无霉粒、无油椒，闭眼、椒籽两项不超过 5%，果穗梗小于或等于 2%
二等品	成熟果实制品，具有本品种应有的特征及色泽、颗粒均匀、身干、洁净、无杂质、气味正常	无油椒，霉粒小于或等于 0.5%，闭眼、椒籽两项不超过 15%，果穗梗小于或等于 3%

2. 理化指标（表 5-8）

表 5-8　绿色花椒理化指标

指　标	等　级		
	优等品	一等品	二等品
含水量/%（≤）	8		
挥发油含量/%（≥）	2.5		

3. 卫生指标

应符合《食品中汞允许量标准》（GB—2762）、《粮食、蔬菜等食品中六六六、滴滴涕残留量标准》（GB—2763）的规定。

第六章
九叶青花椒采收与贮藏

第一节 采 收

一、采收时间的确定

（1）商品椒采摘时间一般为 5 月上旬至 7 月中旬，应选择在晴天上午露水干了以后，其中，冷藏保鲜花椒采摘时间应控制在 5 月底至 6 月中旬以前；具体时间应根据天气、花椒果实成熟度及市场价格等因素综合平衡来决定，以期获得最佳的经济效益。

（2）种椒采摘时间一般为"白露"前后 10 天，以种子完全成熟为准。

二、采摘质量要求

（1）不允许摘露水椒；

（2）无大的枝梗、树叶及杂质等；

（3）及时装运，确保鲜花椒质量。

三、采摘方法

（1）直接采摘果实，后续修剪。此法效率较低。

（2）先修剪，就地摘果。此法适宜采收鲜花椒，效率较高。

（3）修剪果枝，不采摘，就地或运输果枝摊晒后除杂。此法适宜采收晒干青花椒，效率最高。

四、摊晒要求

从花椒采果到摊晒，关键是确保油包不破裂而保证品质。采摘遇晴天，曝晒 3 ~ 4 小时即可使椒果裂开。俗语说："冷石坝，大太阳，不翻动，一天干。"采摘遇雨天，应以单穗不重叠的厚度，摊放在干净的地面或塑料薄膜上，待天晴后，轻轻地移到阳光下晒干。采摘后遇久雨，可以采取人工烘烤干燥的办法，但必须注意火候，控制好温度。

第二节　贮　藏

小规模生产、经过晒制而成的花椒，种子和椒皮充分干燥后，除去椒仁和杂质，进行密封包装贮藏。在贮藏过程中，要避免与有害物质混在一起，以免花椒受到污染。

大规模生产的经过烘烤而形成的产品，由于数量大，可选择内包装袋包装后置于低温干燥房中保存。

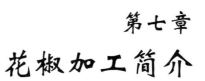

第七章
花椒加工简介

　　本章就花椒粗深加工目前国内最先进的加工流程，结合笔者参与建设的相关花椒加工厂实际情况做简单介绍。本章内容主要包括粗加工与深加工的生产线与工艺流程介绍，以供广大读者结合自己实际情况选择适合的加工方式进行花椒加工厂的建设。

第一节　花椒粗加工生产线与工艺简介

　　花椒的粗加工主要包含九叶青干花椒、保鲜花椒和花椒粉的加工，以下分别论述。

一、干花椒的制作

　　干花椒作为调味品、化工原材料和深加工原料，在青花椒类占据着重要地位和市场份额，其原材料的选择与制作工艺直接影响产品的色泽、口感和自身品质。本小节就九叶青干花椒原材料的选择、加工方式和加工工艺进行论述。

　　（一）九叶青干花椒加工原材料的选择

　　在选择制作九叶青干花椒原材料时注意以下原则：
　　（1）原材料鲜花椒色泽均匀深绿，无肉眼可识别色差。
　　（2）原材料鲜花椒籽粒均匀饱满，油泡无破裂。
　　（3）原材料口感麻香味浓郁，无明显其他异味。
　　（4）原材料干物质含量达到 42% ~ 45%，水分含量不得高于 58%。
　　（5）原材料果皮厚度均匀，果皮厚度不低于 0.8 毫米。

（二）原材料的包装运输

制作九叶青干花椒的原材料，从椒树上剪枝采果开始要注意不沾露水，不接触带汗的手，采果时以采果剪或其他工具为辅助工具最好，经采下的鲜花椒应当放置于通风干燥的环境中，为防止风干变色，可选择拧干的湿布覆盖在表面暂时贮存（原则上贮存时间不能超过 48 小时），最好的办法是随采随包装随运输。包装时尽可能选择带孔塑料箱分级定量包装，不宜选择密封的袋或箱包装。运输过程中要注意货箱内具有一定的空间，但货箱内的空气不能流动（封闭运输），如长途运输，间隔一定时间应当打开货箱，更换货箱内的空气，以降低货箱内的空气温度，防止气温过高引起原材料油泡破裂油化变色，从而影响加工产品质量。

（三）九叶青干花椒的加工方式

1. 小作坊晒制

晒制方法在前一章已经做了论述。

2. 小作坊烘烤

（1）加工生产设备

加工生产设备以烤炉或烤箱为主，其他附属设备为辅。目前市场上具有较多种类的花椒烘烤设备，根据烘烤外形特点可分为烤炉式、烤箱式两大类，根据能源利用特点主要分为电源式、煤燃式和天然气式三类。其原理都是利用其他形式的能源转化为热能，通过电机送风，将热空气吹送到炉膛或烤箱内加热原材料，达到烘干原材料的目的。具有一定规模的加工作坊配置的设备应当包括以下几类：

① 烤炉或烤箱（根据原材料来源进行功率配置，原则上安装 2 个，配置两台机组）；

② 脱粒机（根据加工量进行功率配置，原则上配置 2 台）；

③ 粗筛机（大网目粗选机，去除大杂质）；

④ 筛选机（根据加工量进行配置）；

⑤ 封包机（根据加工量进行配置）；

⑥ 小型低温干燥房（也可选择临时冻库暂时贮存）。

（2）加工场地建设

根据场地实际条件进行设备安装，以流线型短生产路径为原则进行现场设备安装。

（3）生产加工工艺

与大规模加工厂一致，在此不做论述。

3. 大规模九叶青干花椒加工厂生产

（1）生产线设备组成

由烤箱（含电机）、脱粒机、自动振动粗筛机、自动振动精选机、滚筒式烘干机、全自动称量平台、分装平台、自动塑封机、装箱工作平台、自动运输系统、填料装备和冷藏干燥库及配套机组组成。产能：40~45 天内完成 2000 吨成品生产任务，日生产能力为 50 吨。

（2）干花椒生产线平面布局

目前市场上的干花椒生产线种类较多，原则上在实施平面布局时坚持

单循环流线型布局，不可出现流线交叉（交叉会为加工生产带来困难）。一般生产线布局如下：

原料进口—烤箱—出料口—自动振动粗筛机—自动振动精选机—分装平台（全自动称量平台—自动塑封机）—装箱工作平台—冷藏干燥库

（3）生产工艺流程

常温去湿处理（吹冷风，原则上在不点火常温状态下进行，只开风机不开加热机）—28~32 摄氏度加热起烘（原则上以环境温度+12 摄氏度为起点温度）—增温加热烘制（每间隔 3 小时加温 2 摄氏度，一直加温至 46 摄氏度）—持温烘烤（急速加温至 52~53 摄氏度，持续烘烤至干）—脱粒处理—振动过粗筛选去杂—自动振动精选筛选—色选分级—包装入库

经加工而成的干花椒应分级包装，放置到低温干燥房（仓库）中贮藏，通常温度保持在 -2~2 摄氏度最宜。

二、保鲜花椒的生产

保鲜花椒属于花椒加工领域粗加工范畴。随人们生活水平的提高，花椒作为鲜食调味品越来越得到广大消费者的青睐，保鲜花椒的生产越来越得到普及与运用，其市场需求量与日俱增，在重庆、四川等地，近年来每至元旦前后，库存的保鲜花椒都被抢购一空，单价一直走高，带来了良好的加工销售利润。在此就保鲜花椒的生产做简单介绍，供广大读者参考。

1. 保鲜花椒加工厂生产线布局

保鲜花椒的生产线主要包括：粗选车间、着色去杂池、杀青灭活机、内包装车间、速冻库、外包装车间、冷藏库等。

在进行生产线布局时原则上采取单循环线布局：

原材料进口—粗选车间—着色去杂池—杀青灭活机（降低生物酶活性）—内包装车间（真空包装）—速冻库—冷藏库—外包装车间—装车调运台

设计较理想的生产线以环形线布局：其原材料进口处紧靠装车调运台，各设施设备间使用运输带传送。

作坊式生产车间一般仅配备以上设备。大规模生产车间除上述设备外，为提高生产能力，多采取线性自动运输连接各生产加工线，配备相应处理能力的自动称量压缩包装机组与自动封口机组，全程实现自动化生产。

2. 保鲜花椒的生产工艺流程

保鲜花椒的生产工艺主要以杀青、真空包装、速冻和冷藏 4 个核心环节构成，生产工艺流程如下：

初选—护色—灭活—称量分装—真空塑封—速冻—冷藏—外包塑封出库

速冻库与冷藏室温度的控制根据实际容量设置，速冻房在大批量生产中可将温度设置在（－18±2）摄氏度甚至更低；冷藏室温度常设置（0±2）摄氏度。

三、花椒干粉的加工

花椒粉作为调味品在目前市场上的用量不容小视，其带来的附加值相当丰厚，作为规模化生产的加工厂目前不是很多，产品一直以来投放于超市、零售网点。

1. 花椒粉加工生产线平面布局

花椒粉在生产中应当根据其原材料来源，销售能力进行设备选配，装备一个适应其原材料和销售能力的加工生产线。主要设备有烘干、粉碎、筛选机组和包装机组。在安装过程中注意线性流水线安装，尽可能实现封闭管道传运，实现机械化加工操作平台，降低加工成本。其线性布局一般为：

原材料进口（仓库）—原材料除杂除尘机（通常选择色选机除杂）—粉碎机—干燥机—粉尘过磁机—双极分目筛选机—称量包装工作平台—成品仓库

2. 花椒粉加工工艺流程

干花椒除尘处理—干花椒粉碎处理—椒粉干燥处理—椒粉过磁处理—双极分目筛选—称量包装—瓶封塑封入库

花椒粉在进行分目筛选时可根据商品需要调节筛目，以达到所需要的花椒粉的粉粒大小要求，经筛选获得的不够标准的较大颗粒又可回复至粉碎机进行再次加工处理。

第二节　九叶青花椒深加工

九叶青花椒近年来广泛地以原材料投入化工、保健品等深加工生产中，其中以鲜花椒油、花椒精油、花椒精油树脂、花椒微囊粉、α-亚麻酸等的加工生产与提取得到了广泛的运用，其生产工艺得到了全面的研发与推广运用，让九叶青花椒产业链得到了更加深广的延伸，附加值得到了更好的提高。作为调味品在以后的市场竞争中花椒精油与花椒精油树脂将得到更好的认可和消费者的青睐，因此本节就花椒精油和花椒精油树脂的生产做简单的介绍。

二氧化碳超临界萃取技术实现了花椒一次萃取两次分离分别获得花椒精油与花椒精油树脂，这是花椒油生产工艺的一大突破，是目前油类加工工艺最为先进的加工生产线，本节重点介绍。

一、生产线平面示意图（图7-1）

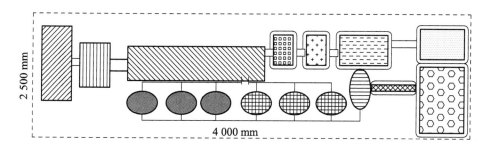

鲜花椒贮存仓库：▨　　　　　鲜花椒粉碎车间：▥

超临界CO_2萃取成套生产线：▨　　脚料烘干房：▦

400吨位花椒油树脂贮藏灌：⬬　　　脚料粉碎机：▦

400吨位花椒精油贮藏灌：▦　　　脚料粉自动定量包装机：▭

自动定量灌装机：⬭　　　　装箱工作平台：▨

脚料粉仓库：▭　鲜花椒油仓库：▭　传运输带：▭

图 7-1　花椒深加工生产线

二、鲜花椒油生产工艺流程（图7-2）

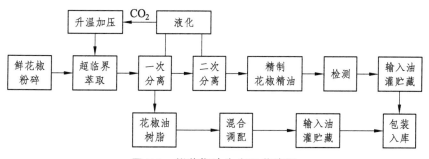

图 7-2　鲜花椒油生产工艺流程

三、CO_2超临界萃取技术指标参数

原料粒度 60 目，流量 25 升/小时，萃取时间 2 小时，温度 40 摄氏度，压力 20 兆帕。

参考文献

[1] 王有科，南月政. 花椒栽培技术[M]. 北京：金盾出版社，2018

[2] 姚忙珍. 花椒高效栽培管理技术[M]. 咸阳：西北农林科技大学出版社，2016.

[3] 张和义. 花椒高产栽培新技术[M]. 咸阳：西北农林科技大学出版社，2014.

[4] 赵红茹. 花椒无公害栽培技术[M]. 咸阳：西北农林科技大学出版社，2020.

[5] 魏安智，杨途熙，周雷. 花椒安全生产技术指南[M]. 北京：中国农业出版社，2012.

[6] 曹林奎，黄国勤. 现代农业与生态文明[M]. 北京：科学出版社，2020.